Jetzt helfe ich mir selbst

Motor
buch
Verlag

Einbandgestaltung: Manfred Arnold

Abbildungen: Manfred Arnold, Fulda Presseabteilung, Bosch GmbH, Würth GmbH & Co KG, LuK.

Text und redaktionelle Bearbeitung: Manfred Arnold

Vielen Dank für die tatkräftige Unterstützung an: Hermann Stricker; Rolf Allmendinger – Kunstschmiede Allmendinger; Joachim Kuch; Jochen Haller; Rainer Hoffmann; Schlepperfreunde Unterriexingen; Lars Berberich und Team; Denny Battnig und Bernhard Gröner.

Alle Angaben und Ratschläge in diesem Ratgeber sind nach bestem Wissen und Gewissen erteilt. Eine Haftung der Autoren oder des Verlages und seiner Beauftragten für Personen-, Sach- und Vermögensschäden ist jedoch ausgeschlossen.
Dieser Band entspricht dem Kenntnisstand zum Zeitpunkt der Drucklegung. Abweichungen durch Weiterentwicklung der beschriebenen Fahrzeuge, geänderte Anweisungen des Fahrzeugherstellers bzw. neue gesetzliche Bestimmungen sind möglich.

ISBN 978-3-613-02826-5

2. Auflage 2008

Lizenznehmer des Motorbuch Verlags, Postfach 103743, 70032 Stuttgart
Ein Unternehmen der Paul Pietsch Verlage GmbH & Co

Sie finden uns im Internet unter:
www.motorbuch-verlag.de

Herstellung: Ipa, 71665 Vaihingen/Enz
Druck und Bindung: Druck + Verlag Südwest, 76131 Karlsruhe
Printed in Germany

Traktoren pflegen, warten und erhalten

Inhalt

Einleitung

Kennen sie Ihren Traktor?

Rechte und Pflichten

In der Werkstatt

Informationen über den Betrieb von Traktoren

Investition in die Zukunft

Richtig schrauben

Alles über Schweißen

Gut geschmiert

1000 Stunden Sicherheit

Luft oder Wasser

Wartungsarbeiten

Ein Ratgeber stellt sich vor

Hilfe zur Selbsthilfe

Was Sie tun können, wenn der Traktor den Dienst verweigert, oder besser noch: was Sie tun können, damit es gar nicht erst so weit kommt, soll Gegenstand dieses Ratgebers sein. Und auch wenn Sie den Fehler vielleicht nicht selbst beheben können – wir zeigen Ihnen, wie Sie die Ursache präzise einkreisen können – und zwar ohne Profi-Ausrüstung. So können Sie der Werkstatt wichtige Informationen liefern und kostbare Arbeitszeit für die Fehlersuche einsparen.
Manchmal werden Sie erleben, dass auch Werkstätten nicht unfehlbar sind. Sie sehen das dann auf Ihrer Reparaturrechnung, wenn Teile ausgetauscht worden sind, die noch voll funktionsfähig waren.

Tipps und Wissenswertes

Damit Ihnen niemand etwas vormachen kann, gewähren wir Einblick in die Schleppertechnik, erläutern Fachbegriffe im umfangreichen Techniklexikon und informieren Sie über Wissenswertes aus der Welt der Traktoren-Technik.
Darüber hinaus erhalten Sie Tipps, die bares Geld wert sind: Der richtige Umgang mit der Werkstatt, falls sie gebraucht wird – wenn Sie gezielt Reparaturaufträge erteilen können, haben Sie die Werkstattkosten fest im Griff. Wir nennen Ihnen Bezugsquellen von Original-Ersatzteilen, die oft schwer zu beschaffen sind. Übersichtliche Tabellen geben Auskunft über Maßumrechnungen, z. B. über historische Reifenbezeichnungen und wie diese heute benannt sind oder über die originalen RAL-Bezeichnungen der jeweiligen Traktorenhersteller. Diese Informationen sind wichtig für Sie, denn heute weiß oft niemand mehr, wie Ihr Traktor im Auslieferungszustand ausgesehen hat.
In einem separaten Kapitel steigen wir tief in die verschiedenen Schweißtechniken ein. Hier müssen Sie selbst entscheiden, ob Sie sich auf dieses schwierige Kapitel einlassen wollen und Schweißungen an Ihrem Fahrzeug vornehmen wollen. Wir empfehlen: Ohne vorherige Übung unter fachmännischer Anleitung die Finger davon zu lassen. Sehen Sie das Kapitel als technische Beratung über die Möglichkeiten, die eine Schweißreparatur bietet. Mit dem vermittelten Wissen können Sie manchen Euro an Neuteilen sparen.

Sicherheit hat Vorrang

Wie durch den Winter, wollen wir Sie mit diesem Ratgeber natürlich auch durch die übrigen Jahreszeiten begleiten. Ihre Sicherheit und Zufriedenheit steht dabei an erster Stelle. Wichtiger als das Reparieren von sicherheitsrelevaten Baugruppen erscheint uns in diesem Band das frühzeitige Erkennen eines Schadens. Genau dabei wollen wir Sie unterstützen. Ein Störungsbeistand ist daher fester Bestandteil eines jeden Kapitels. Zudem bieten wir Ihnen ein Diagnose-Schema, das ganz allgemein eventuelle Unzulänglichkeiten am Traktor entlarvt. Und zwar bevor etwas schiefgeht. Auch bei einem anstehenden Termin zur Hauptuntersuchung kann diese Schnelldiagnose jede Menge Ärger und Geld sparen. Abgesehen davon haben wir regelmäßig wiederkehrende Überprüfungsarbeiten für Sie zusammengefasst. Diese dürfen Sie gerne kopieren und für sich abheften.

Reparaturen in der heimischen Garage

Sollten Sie bereits im Umgang mit Werkzeug geübt sein, werden wir Sie Schritt für Schritt durch die einzelnen Arbeitsgänge führen. Dabei beschränken wir uns in dieser Reihe auf Wartungs-, Pflege- und leichte Reparaturmaßnahmen, die Sie ohne weiteres in der heimischen Garage durchführen können. Welche Grundausstattung Sie dafür benötigen, haben wir für Sie gleich am Anfang dieses Buches zusammengefasst.
Neben handelsüblichen Werkzeugen wird es oft notwendig, dass zusätzlich Hilfswerkzeuge hergestellt werden. Diese werden in professionellen Werkstätten heutzutage auch »Spezialwerkzeuge« genannt. Ein Quäntchen technisches Verständnis vorausgesetzt befähigt Sie oft, mit einem Stück Material eine solche Hilfe herzustellen. So kann man sich zum Beispiel ein Stück Flacheisen zurechtbiegen, um die Sternschraube zum Bremseneinstellen leichter bewegen zu können.
Ein Problem tut sich in Sachen Entsorgung auf: Während Sie aus der Werkstatt Ihren, hoffentlich einwandfrei reparierten Traktor lediglich abholen müssen, fallen in der Heimwerkstatt natürlich Abfälle an, die Sie fachgerecht entsorgen müssen. In Deutschland können Sie Öl getränkte Lappen, Altöle, Farbreste o. Ä. in einem Schadstoffmobil umweltschonend entsorgen.

Damit Sie sich besser zurechtfinden

Wenn Sie etwas Bestimmtes in diesem Buch suchen, haben Sie verschiedene Möglichkeiten. Natürlich können Sie auf das vertraute Inhaltsverzeichnis zurückgreifen. Aber auch beim schnellen Durchblättern werden Sie sich leicht zurechtfinden. Den Hinweis, in welchem Kapitel Sie sich bewegen, finden Sie oben links. Dazu die Information, ob es sich in diesem Abschnitt um theoretisches Wissen, konkrete Arbeitsanleitungen oder Vorschläge zur Optimierung handelt. Rechts oben auf jeder Seite haben wir den Bereich dargestellt, der im jeweiligen Abschnitt behandelt wird.
Damit können Sie das Buch auf der Suche nach bestimmten Inhalten auch durch die Finger laufen lassen, ohne zuerst im Inhaltsverzeichnis suchen zu müssen.

INFORMATION

Bevor Teile ausgebaut oder etwas auseinander genommen wird, ist es immer besser, Einzelheiten und theoretische Zusammenhänge zu kennen. Wenn Sie dieses Zeichen sehen, erklären wir Grundlagen über Funktion, Technik und ihre Bedeutung für die ganze Maschine. Oder wir informieren Sie über historische Hintergründe und vermitteln allgemeines Technik-Wissen. Dieser Abschnitt soll Sie also über die allgemeine Technik Ihres Traktors informieren. Mit dem nötigen theoretischen Wissen im Hinterkopf schraubt es sich viel leichter.

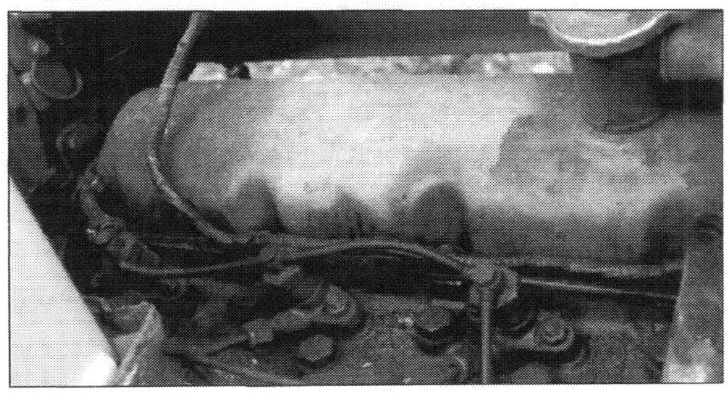

ARBEITSSCHRITTE

Sobald an einem Traktor gearbeitet wird, werden Sie dieses Symbol sehen. Auf diesen Seiten erhalten Sie Schritt für Schritt Anleitungen zum Ein- und Ausbau von Teilen. Bei der Auswahl haben wir uns strikt daran gehalten, was in der heimischen Garage noch machbar ist und was nicht. Und damit Sie sehen, dass wir uns gerne die Finger für Sie schmutzig machen, haben wir uns bewusst nicht ständig die Hände gewaschen. Wir hoffen, dass die Fotos Ihnen dennoch Appetit auf das Schrauben machen.

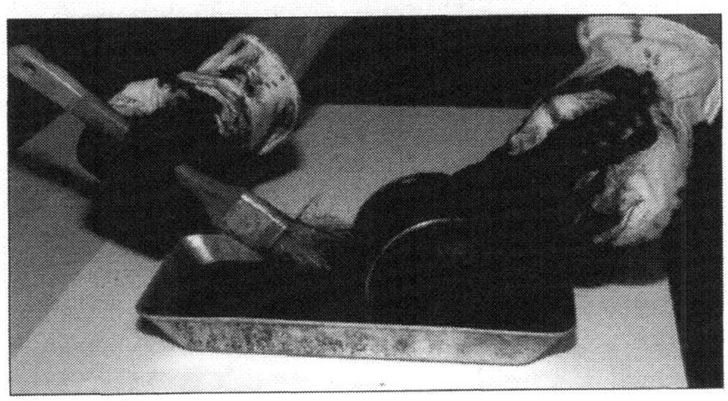

BESSER MACHEN

Die wenigsten Traktoren aus den 50er, 60er und 70er Jahren sind heute noch im originalen Auslieferungszustand. Beim täglichen Einsatz in der Land- oder Forstwirtschaft sind oft Anforderungen aufgetreten, die von den Herstellern nicht befriedigt werden konnten. So hat mancher Traktorbesitzer zusätzlich Ausstattungen angebaut, Leistungen verändert oder gar ganze Karosserieteile so umgestaltet, für die es bei den Herstellern keinerlei Unterlagen gibt. In dieser Rubrik wollen wir Ihnen Informationen über diese Sonderkonstruktionen geben.

Kennen Sie Ihren Traktor?

Egal, ob Sie Ihren Traktor schon lange besitzen oder ihn eben erst erworben haben – nehmen Sie sich die Zeit und erkunden Sie Ihr Fahrzeug gründlich. Denn selbst wenn Sie die Bedienungsanleitung – falls verfügbar – gelesen haben, kennen Sie bestimmt noch nicht alle Details Ihres Traktors.

Die Fahrzeugidentifizierungsnummer

Die Fahrzeugidentifizierungsnummer ist vergleichbar mit der Fahrgestellnummer Ihres Autos. Sie finden diese Nummer unter »E« in Ihren Zulassungsunterlagen.

Das Typenschild

Das Fahrzeugtypenschild ist meist am Rahmen Ihres Fahrzeugs angenietet. Es enthält:

- Schleppernummer
- Fahrzeugtyp
- Ausführungs- und Listen-Nummer
- zulässige Achslast vorn
- zulässige Achslast hinten, jeweils bei unterschiedlichen, zulässigen Bereifungsvarianten
- zulässiges Gesamtgewicht

Das Motortypenschild

Das Motortypenschild enthält folgende Informationen:

- Hersteller
- Baureihenbezeichnung
- Motortyp
- Motornummer

Die Motornummer

Die Motornummer ist ebenfalls im Motorgehäuse eingeschlagen. Bei unserem Beispiel, es handelt sich um einen Deutz-Motor, befindet sich die eingeschlagene Nummer neben dem ersten Zylinder.

Diese Angaben sind wichtig und sollten immer griffbereit sein. Sie helfen zur sicheren Identifikation Ihres Fahrzeugs. Ebenfalls brauchen Sie diese Angaben, um Ersatzteile bestellen zu können.

Sollten Sie beim Kauf des Fahrzeugs keine Papiere erhalten haben – oft sind diese einfach verschollen – so helfen die eingeschlagenen Informationen dabei, einen Ersatz-Kfz-Brief zu erstellen.

Die Fahrzeugidentifizierungsnummer: Sie ist in der Regel, gut sichtbar, am Rahmen eingeschlagen

Das Typschild: Angenietet am Rahmen enthält die Plakette Schleppernummer, Typ, Listennummer und Achslasten

Das Motortypenschild: Es gibt Auskunft über die Baureihenbezeichnung, Motortyp und -nummer

Die Zulassungsbescheinigung

Haben Sie beim Erwerb Ihres Traktors einen alten Kraftfahrzeugbrief vom Verkäufer erhalten und melden das Fahrzeug bei der Zulassungsstelle um, so erhalten Sie einen neuen EG-Fahrzeugbrief ausgestellt. Der alte Brief wird entwertet – Sie sollten diesen dennoch bei Ihren Unterlagen aufbewahren, er ist ein zeitgeschichtliches Dokument.
Zusätzlich erhalten Sie einen Fahrzeugschein, der wie beim Auto stets mitgeführt werden sollte. Alle maschinenrelavanten Angaben sind hier in codierten Feldern eingedruckt – eine entsprechende Codierungserklärung finden Sie auf der Rückseite des Dokuments.
Um ein steuervergünstigtes »Grünes Kennzeichen« zu bekommen, können Sie beim Finanzamt einen »Antrag auf Befreiung von der Kfz-Steuer« stellen. Bedingung ist allerdings, dass Sie ein landwirtschaftliches Grundstück nachweisen können, dann geht das problemlos.
Für ein Kennzeichen für historische Fahrzeuge muss Ihr Traktor mindestens 30 Jahre auf dem Buckel haben.

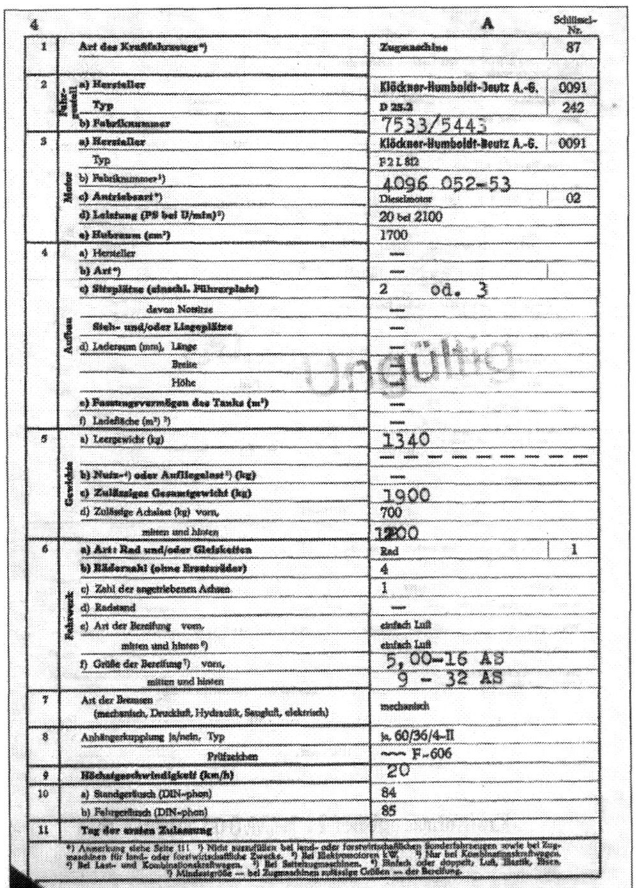

4 A

				Schlüssel-Nr.
1		Art des Kraftfahrzeugs*)	Zugmaschine	87
2	Fahrgestell	a) Hersteller	Klöckner-Humboldt-Deutz A.-G.	0091
		Typ	D 25.2	242
		b) Fabriknummer	7533/5443	
3	Motor	a) Hersteller	Klöckner-Humboldt-Deutz A.-G.	0091
		Typ	F2L812	
		b) Fabriknummer¹)	4096 052-53	
		c) Antriebsart*)	Dieselmotor	02
		d) Leistung (PS bei U/min)²)	20 bei 2100	
		e) Hubraum (cm³)	1700	
4	Aufbau	a) Hersteller	—	
		b) Art*)	—	
		c) Sitzplätze (einschl. Führerplatz)	2 od. 3	
		davon Notsitze	—	
		Steh- und/oder Liegeplätze	—	
		d) Laderaum (mm), Länge	—	
		Breite	—	
		Höhe	—	
		e) Fassungsvermögen des Tanks (m³)	—	
		f) Ladefläche (m²) ³)	—	
5	Gewichte	a) Leergewicht (kg)	1340	
			— — — — — — — — —	
		b) Nutz-⁴) oder Aufliegelast⁵) (kg)	—	
		c) Zulässiges Gesamtgewicht (kg)	1900	
		d) Zulässige Achslast (kg) vorn,	700	
		mitten und hinten	1200	
6	Fahrwerk	a) Art: Rad und/oder Gleisketten	Rad	1
		b) Räderzahl (ohne Ersatzräder)	4	
		c) Zahl der angetriebenen Achsen	1	
		d) Radstand	—	
		e) Art der Bereifung vorn,	einfach Luft	
		mitten und hinten ⁶)	einfach Luft	
		f) Größe der Bereifung⁷) vorn,	5,00-16 AS	
		mitten und hinten	9 - 32 AS	
7		Art der Bremsen (mechanisch, Druckluft, Hydraulik, Saugluft, elektrisch)	mechanisch	
8		Anhängerkupplung ja/nein, Typ	ja, 60/36/4-II	
		Prüfzeichen	~~ F-606	
9		Höchstgeschwindigkeit (km/h)	20	
10		a) Standgeräusch (DIN-phon)	84	
		b) Fahrgeräusch (DIN-phon)	85	
11		Tag der ersten Zulassung		

*) Anmerkung siehe Seite 11! ¹) Nicht auszufüllen bei land- oder forstwirtschaftlichen Sonderfahrzeugen sowie bei Zugmaschinen für land- oder forstwirtschaftliche Zwecke. ²) Bei Elektromotoren kW. ³) Nur bei Kombinationskraftwagen. ⁴) Bei Last- und Kombinationskraftwagen. ⁵) Bei Sattelzugmaschinen. ⁶) Einfach oder doppelt, Luft, Elastik, Eisen. ⁷) Mindestgröße — bei Zugmaschinen zulässige Größen — der Bereifung.

Ungültig

Der »alte« Kfz-Brief: Nur noch Sammlerwert hat dieses Dokument bei einer Neuzulassung

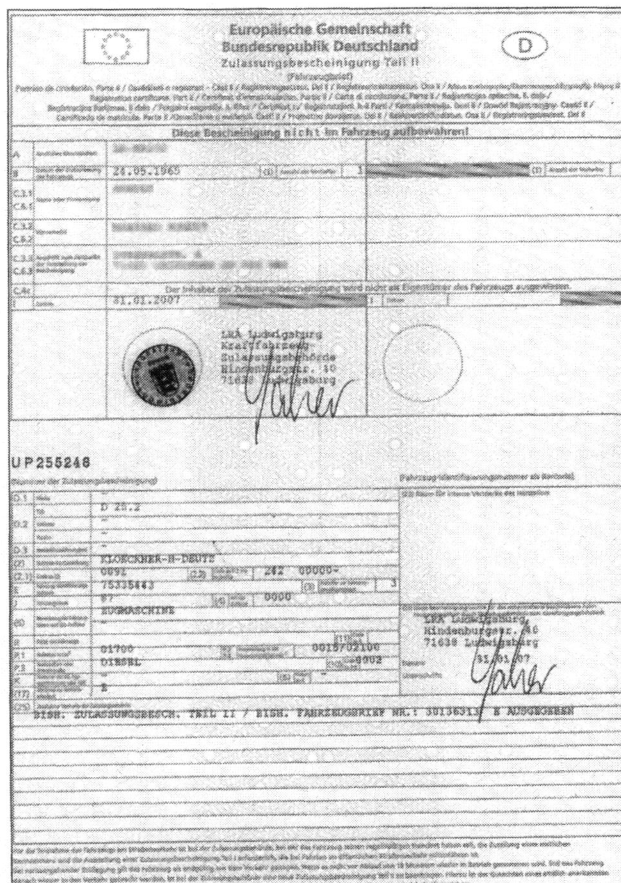

Europäische Gemeinschaft
Bundesrepublik Deutschland
Zulassungsbescheinigung Teil II
(Fahrzeugbrief)
D

Diese Bescheinigung nicht im Fahrzeug aufbewahren!

B 24.05.1965 [redacted]

Der Inhaber der Zulassungsbescheinigung wird nicht als Eigentümer des Fahrzeugs ausgewiesen.

I 31.01.2007 [redacted]

LRA Ludwigsburg
Kraftfahrzeug-
Zulassungsbehörde
Hindenburgstr. 40
71638 Ludwigsburg

UP255246

D 25.2
KLOECKNER-H-DEUTZ
0091 242 00000-
75335443 3
87 0000
ZUGMASCHINE
01700 0015/02100
DIESEL 0002
2

LRA Ludwigsburg
Hindenburgstr. 40
71638 Ludwigsburg
31.01.07

BISH. ZULASSUNGSBESCH. TEIL II / BISH. FAHRZEUGBRIEF NR.: 30136313 E AUSGEGEBEN

Der »neue« Kfz-Brief: Besitzurkunde und gleichzeitig Teil der Zulassungsbescheinigung

***Ausstattung am Armaturenbrett:** (1) Schaltschloss, (2) Blinkerschalter (nachgerüstet), (3) Sicherungskasten, (4) Glühanlasszugschalter, (5) Glühüberwacher, (6) Traktormeter, (7) Hupenknopf, (8) Warnblinkanlage (nachgerüstet)*

Rechte Motorseite: *(1) Einzel-Einsteckpumpe, (2) Ölmessstab, (3) Öleinfüllstutzen, (4) Kraftstoffpumpe*

Linke Motorseite: *(1) Lichtmaschine, (2) Anlasser, (3) Magnetschalter, (4) Hydraulikleitung von der Hydraulikpumpe, (5) Pluskabel von der Batterie zum Anlasser*

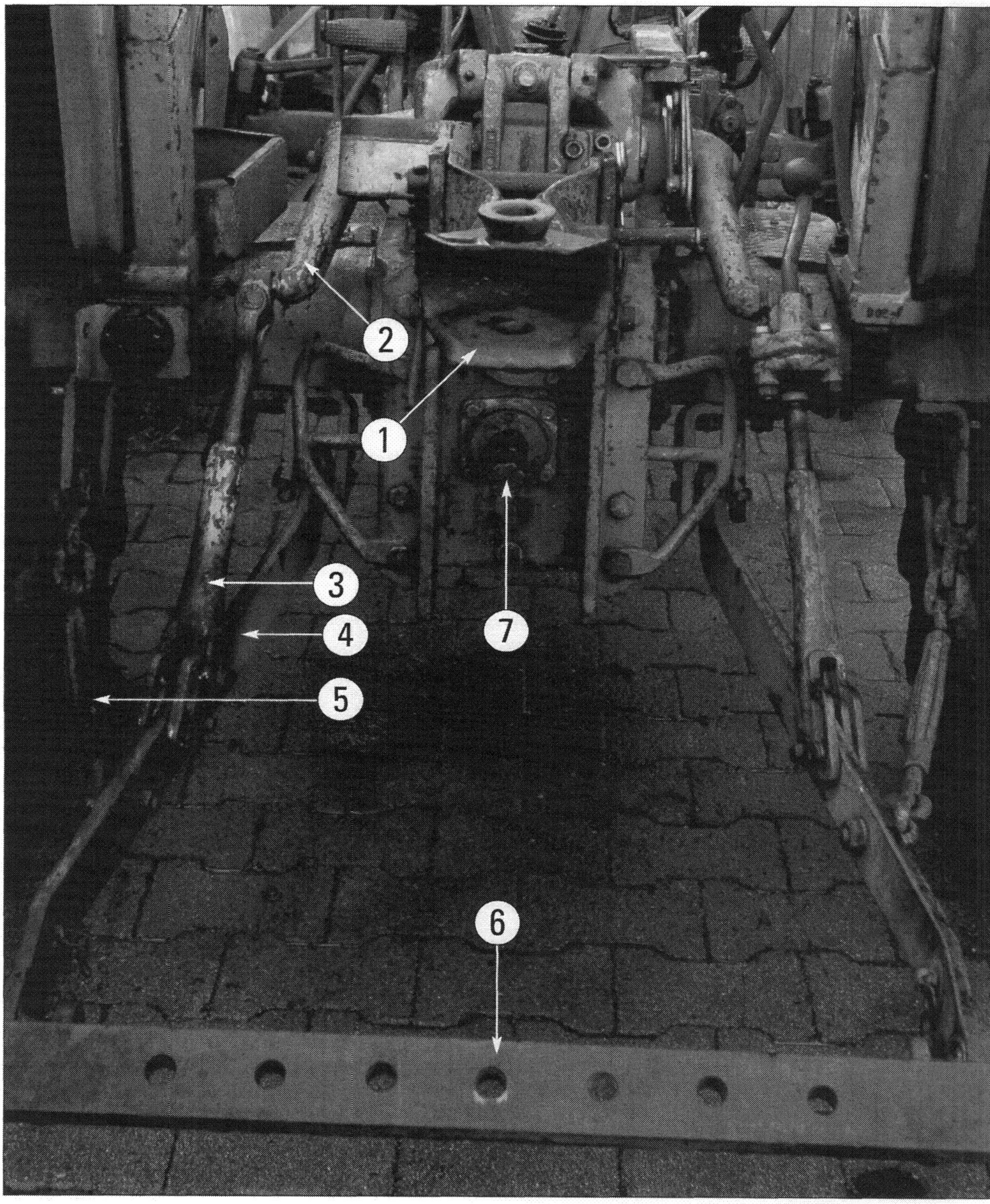

Ölhydraulische Kraftheberanlage: *(1) Zugmaul, (2) Hubarm, (3) Hubstange, (4) unterer Lenker mit Kugel-Kupplungspunkt, (5) Kette mit Spannschloss, (6) Anhängeschiene, (7) Zapfwelle*

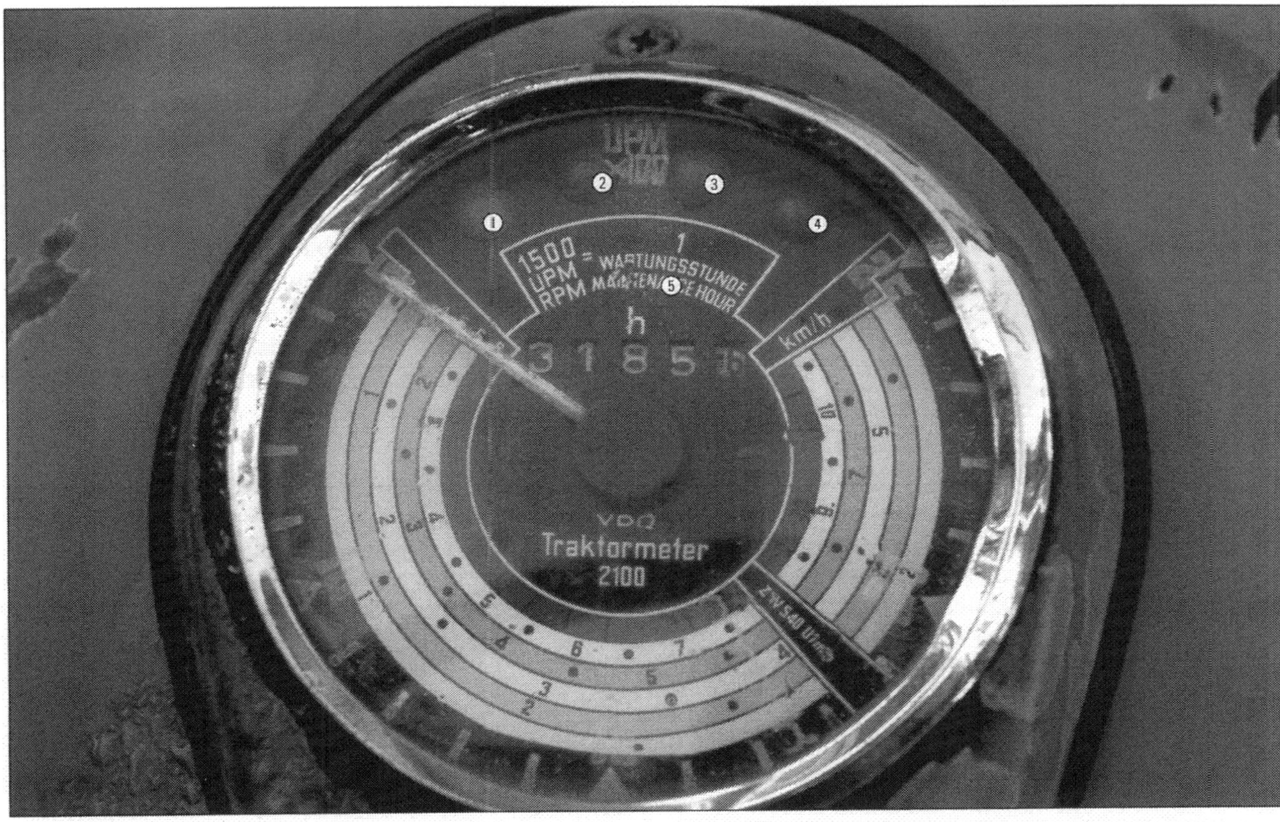

Das Traktormeter: *Auf der Anzeigescheibe eines eingebauten Traktormeters lassen sich die Drehzahlen des Motors, der Zapfwelle und die Geschwindigkeiten der einzelnen Gänge auf farbig markierten Feldern ablesen.*
2–3–4 Gang kennzeichnet die langsame und 5–6–8 die schnelle Schaltgruppe. Außerdem ist auf der Glasscheibe die vorgeschriebene Motordrehzahl von 1750 U/min (Deutz D25) markiert. Die auf dem Traktormeter abgelesenen Betriebsstunden ergeben sich aus der Anzahl der Motorumdrehungen, bei durchschnittlich gefahrenen Umdrehungen von 1650 U/min.
(1) Beleuchtung, (2) Ladekontrolle, (3) Öldruck, (4) Fernlicht, (5) Betriebsstundenzähler – im unteren Bild ist die Welle, die als Antrieb des Traktormeters dient, angeflanscht

Rechte und Pflichten

Sie haben ein Fahrzeug erworben und sind der Meinung, es ist kaputt oder funktioniert nicht so wie es sollte? Bevor Sie sich unnötig aufregen, sollten Sie sich zuerst kundig machen, wie es um Ihre Rechte steht. Dann müssen Sie sicherstellen, dass Sie keinem Irrtum unterliegen und es sich hier tatsächlich um einen Mangel handelt.

Was ist ein Mangel?

Vereinfachte Darstellung des § 434 BGB:
Eine Sache ist frei von Mängeln, wenn sie sich für die Verwendung eignet, für die sie gemäß Kaufvertrag gedacht war oder sie sich für die gewöhnliche Verwendung eignet oder die Beschaffenheit aufweist, die man üblicherweise erwarten kann. Das beinhaltet auch Eigenschaften, von denen der Käufer aufgrund von Aussagen, die in der Werbung oder von Mitarbeitern des Verkäufers gemacht wurden, ausgehen kann.
Liegt also tatsächlich ein Mangel vor, wie z.B. eine deutlich geringere Höchstgeschwindigkeit als im Prospekt angegeben, sollten Sie sich auf das Gespräch mit dem Kundendiensttechniker vorbereiten und Ihr Recht einfordern. Damit Sie Ihr Anliegen präzise und fachlich richtig an den Mann bringen können, nachfolgend einige Begriffserklärungen und Zusammenhänge:

Gewährleistung, Sachmangelhaftung & Garantie

Garantie und Gewährleistung (letzteres ist die so genannte Sachmangelhaftung) sind zwei völlig verschiedene und vor allem unabhängige Sachverhalte. Diese beiden Begriffe werden oft umgangssprachlich miteinander verwechselt oder vertauscht. Um nicht missverstanden zu werden, sollten Sie diese Begriffe unbedingt voneinander trennen.

Die **Garantie** ist eine freiwillige und zusätzliche Leistung des Verkäufers oder Herstellers. Sie kann nach Belieben ausgestaltet oder befristet sein und sie folgt aus einer eigenständigen Vereinbarung im Rahmen des Kaufvertrages bzw. in Verbindung mit dem Kaufvertrag. Die Garantie kann an bestimmte Voraussetzungen geknüpft sein, kann bestimmte Kosten ausschließen und auch die Leistungen einschränken. Dies könnte beispielsweise bedeuten, dass die Garantie nur greift, wenn Sie das Fahrzeug regelmäßig in der dem Händler angegliederten Werkstatt warten lassen und Sie nur die Materialkosten und nicht die Arbeitszeit bei einem Schaden erstattet bekommen. Also sollten Sie sich die Garantiebedingungen vor dem Kauf genau anschauen, um diese später nicht durch ein Falschverhalten zu verwirken. Auf Verlangen müssen Ihnen die Garantiebestimmungen, wenn sie Ihnen zugesprochen werden, auch in schriftlicher Form ausgehändigt werden.

Die **Gewährleistung** (Sachmangelhaftung) folgt aus den gesetzlichen Regelungen zum Kaufvertrag. Eine Gewährleistung (Sachmangelhaftung) ist in dem Augenblick gegeben, wenn ein rechtsgültiger Kaufvertrag geschlossen wird. Eine Ausnahme ist nur möglich, wenn die Gewährleistung (Sachmangelhaftung) wirksam ausgeschlossen ist. Ein vollständiger Ausschluss der Gewährleistung (Sachmangelhaftung) im Rahmen eines Kaufvertrags zwischen einem Unternehmer (z.B. Landmaschinen-Händler) als Verkäufer und einer Privatperson als Käufer ist nicht möglich. Die Gewährleistung (Sachmangelhaftung) kann aber z.B. bei Abschluss eines Kaufvertrages zwischen Privatpersonen vollständig ausgeschlossen werden. Dies muss dann aber ausdrücklich und individuell im Kaufvertrag geregelt sein.

Mit dem **Gewährleistungsrechts-Änderungsgesetz** vom 01.01.2007 ergaben sich unter anderem folgende Neuerungen:
- Bei neuen Sachen beträgt die Frist grundsätzlich 2 Jahre ab Datum der Übergabe.
- Bei gebrauchten Sachen kann eine Frist von 1 Jahr vereinbart werden (nicht in Allgemeinen Geschäftsbedingungen!), wobei nur Fahrzeuge, die älter als ein Jahr (ab Erstzulassung) sind, als gebrauchte Sachen gelten.
- Innerhalb der ersten sechs Monate hat bei einer Reklamation der Händler zu beweisen, dass die Sache zum Zeitpunkt der Übergabe dem Vertrag entsprach (also keinen Mangel hatte). Nach 6 Monaten hat der Kunde die Beweispflicht (bisher hatte ausschließlich der Kunde die Beweispflicht).

Diese beschriebenen Regelungen, die die Rechte des Endkunden stärken, sind verständlicherweise bei den

Autohändlern nicht so gut angekommen und diese suchen nach Möglichkeiten, wie sie die Gewährleistung (Sachmangelhaftung) einschränken oder gar ausschließen können. In den letzten Jahren hat darum der Handel mit Bastler- und Schrottfahrzeugen massiv zugenommen. In solchen Verträgen werden dann sämtliche Gewährleistungsansprüche (Sachmangelhaftung) ausgeschlossen, obwohl die Fahrzeuge teilweise mit frischer Plakette der Hauptsuchung versehen sind. Solche und ähnliche Vorgänge können die Gerichte allerdings recht gut einschätzen und entscheiden meistens zu Gunsten des Verbrauchers. Ebenso verhält es sich mit den Verkäufen, die »im Auftrag« stattfinden. Ein Händler, der in seinem Namen die aktuelle Hauptuntersuchung und weitere Instandsetzungsarbeiten durchgeführt hat, wird es vor Gericht schwer haben, zu beweisen, dass er den Fahrzeugverkauf nur vermittelt hat. Er wird damit auch nicht die gesetzlichen Regelungen beschneiden können. Je klarer die Vereinbarung und je genauer die Fahrzeugbeschreibung, desto geringer ist das Haftungsrisiko. Wir raten Ihnen, einen Musterkaufvertrag für Gebrauchtwagen sowie einen Gebrauchtwagen-Zustandsprüfbericht zu verwenden. Damit lassen sich kostspielige Prozesse und unangenehme Streitigkeiten vermeiden.

Zusammenfassung:
Eine freiwillige Garantie besteht also zusätzlich zur gesetzlichen Gewährleistung (Sachmangelhaftung) und ist im Umfang der Leistungen, im Vergleich zur Gewährleistung (Sachmangelhaftung), meistens eingeschränkt.
Allerdings greift sie oft auch noch für Mängel, die erst nach dem Kauf auftreten, was so nicht auf die gesetzliche Gewährleistung (Sachmangelhaftung) zutrifft.

Zum Reizthema Farbabweichung

Farbabweichung kann ein Sachmangel sein. Das Oberlandesgericht Köln hat zu diesem Thema eine wichtige Entscheidung getroffen: Danach gehört die Farbe eines Neufahrzeugs zu den Beschaffenheitsmerkmalen und stellt ein äußerliches Merkmal des Fahrzeugs dar, welches für den Käufer im Rahmen der Kaufentscheidung maßgeblich ist. Ergeben sich Abweichungen im Farbton des bestellten zu dem tatsächlich gelieferten Fahrzeug, so kann der Käufer hierauf grundsätzlich Gewährleistungsansprüche geltend machen. Durch das OLG Köln bestätigtes Urteil des LG Aachen vom 26.04.2005 (Az. 12 O 493/04).

Das Recht der Nachbesserung

Seit dem 01.01.2002 gibt die neue Rechtslage sowohl dem Käufer als auch dem Verkäufer einen Anspruch auf Beseitigung eines Mangels. Anstatt von Nachbesserung spricht jetzt das Gesetz von Nacherfüllung. Grundsätzlich hat der Händler das Recht, bis zu dreimal nachzuerfüllen. Hierbei hat der Verkäufer die zum Zwecke der Nacherfüllung erforderlichen Aufwendungen zu tragen, das sind Transport-, Wege-, Arbeits- und Materialkosten. Zu beachten ist in diesem Zusammenhang, dass der Verkäufer sein Recht, einen Mangel nachzubessern, behält, auch wenn Reparaturen bereits in einer fremden Werkstatt erfolglos waren. Der Verkäufer muss sich diese Nachbesserungsversuche nicht zurechnen lassen, er kann auf eine Nacherfüllung im eigenen Firmensitz bestehen. OLG Köln vom 14.02. 2006 (Az. 20U 188/05)

Wandlung und Preisnachlass

Hat sich ein erheblicher Mangel nach drei Nacherfüllungsversuchen immer noch nicht beseitigen lassen oder fehlen zugesicherte Eigenschaften, haben Sie das Recht auf Wandlung oder Preisnachlass. Dies ist dann auch der Zeitpunkt, an dem sie einen Rechtsanwalt zu Rate ziehen sollten. Sie werden sich auf jeden Fall eine Nutzungspauschale, die abhängig ist von der genutzten Laufleistung des Fahrzeugs, anrechnen lassen müssen. Eine Wandlung ist grundsätzlich nur dann möglich, wenn sich das Fahrzeug noch im Originalzustand befindet.

Der Kulanzantrag

Nach Ablauf der Gewähleistungszeit und gegebenenfalls der Garantiezeit bleibt Ihnen immer noch die Möglichkeit der Kulanzregelung beim Händler. Die Kulanz bezeichnet im allgemeinen ein Entgegenkommen zwischen den Vertragspartnern nach Vertragsabschluss. Sie regelt den Ablauf der freiwilligen Reparatur- und Serviceleistungen nach Ablauf der gesetzlichen oder individualvertraglichen Gewährleistungsverpflichtungen. Die Kulanzregelung wird in der Regel als Maßnahme zur Kundenbindung dargestellt.

Hinweis: Dieses Kapitel soll nur erste Hinweise geben und erhebt daher keinen Anspruch auf Vollständigkeit. Obwohl es mit größtmöglicher Sorgfalt erstellt wurde, kann eine Haftung für die inhaltliche Richtigkeit nicht übernommen werden.

In der Werkstatt

Was braucht die Werkstatt?

Aufgrund der vielen Ausstattungsvarianten und verfügbaren Extras moderner Fahrzeuge ist ein genaue Bestimmung des Fahrzeugtyps nicht immer nur anhand der Fahrgestellnummer möglich. Wenn Sie also eine Werkstatt aufsuchen, die Ihren Traktor noch nicht kennt, sollten Sie alle Unterlagen mitnehmen. Berücksichtigen Sie auch vorhandenes Zubehör.

Diese Angaben braucht die Werkstatt:

- Schlüsselnummer (Hersteller)
- Schlüsselnummer (Typ)
- Zulassungsdatum
- Motorisierung
- Fahrgestellnummer

Das müssen Sie dabei haben:

- Fahrzeugschein

Eine klare Auftragserteilung

Um nicht mit einer Reparaturrechnung konfrontiert zu werden, die weit über dem Erwartetem liegt, sollten Sie der Werkstatt Ihres Vertrauens ein Kostenlimit angeben und darauf bestehen Sie zu kontaktieren, falls es zu unerwarteten Mehrarbeiten kommt. Erteilen Sie Ihren Arbeitsauftrag immer schriftlich, denn mündliche Absprachen sind nur schwer einklagbar und beweisbar. Die Kopie des schriftlichen Arbeitsauftrags in ihrer Tasche gibt Ihnen die Rechtssicherheit. Dank moderner EDV-Anlagen ist es oft kein Problem, auf die Schnelle einen schriftlichen Kostenvoranschlag zu erhalten. Dieser ist ebenfalls verbindlich und in der Regel noch detaillierter als der Arbeitsauftrag. Beachten Sie bitte: Der tatsächliche Rechnungsbetrag darf bis zu 10% über den geschätzten Kosten liegen, ohne dass es einer erneuten Zustimmung ihrerseits bedarf. Eine termingerechte Fertigstellung einer Standardreparatur ist heutzutage üblich.
Oberste Voraussetzung für ein gutes Arbeitsergebnis in der Werkstatt und einen geringen Geldschwund in ihrem Geldbeutel ist eine exakte Fehlerbeschreibung mit Angabe des gewünschten Ergebnisses.

Die Fehlerbeschreibung

Nehmen wir einmal an, ihr Traktor klappert hin und wieder und Sie möchten dieses in einer Werkstatt beseitigen lassen. Bei unserem jetzigen Beispiel spielt es keine Rolle, ob Sie selbst bezahlen oder an andere Ansprüche stellen. Denn im Vordergrund steht erst ein-

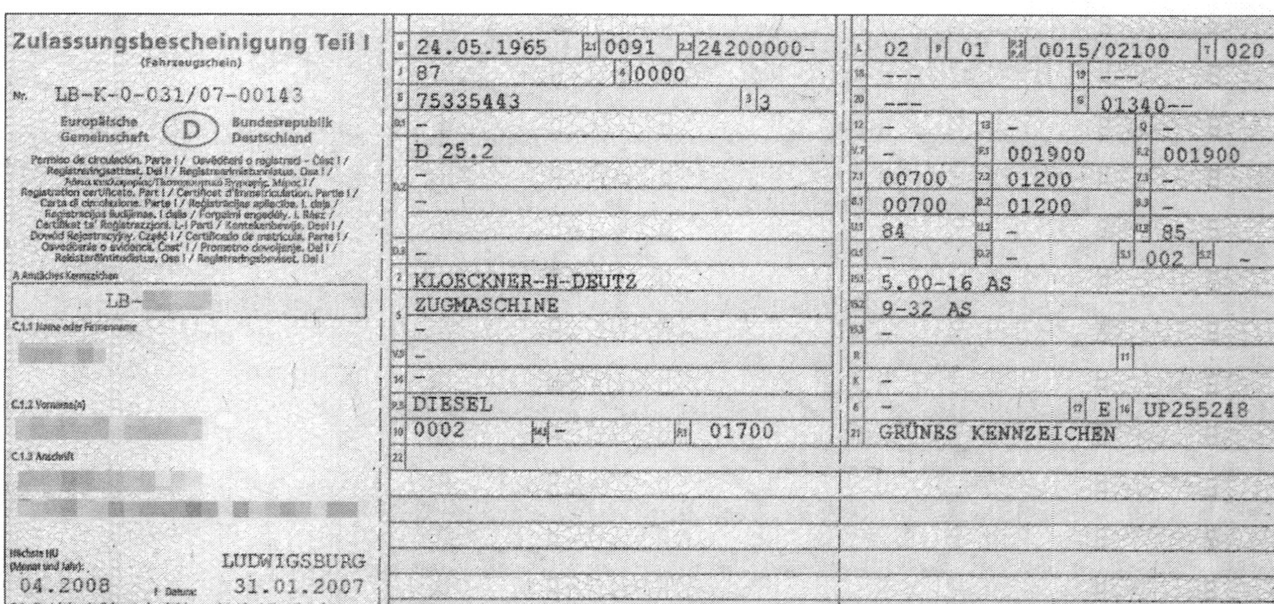

Der Fahrzeugschein: Hier findet der Werkstattmeister die wichtigsten Daten und auch die Fahrgestellnummer

mal ein nicht funktionierender Traktor, der repariert werden soll, und dem Schaden ist es schließlich egal, wer die Rechnung bezahlt.
Damit also der Werkstattmeister nicht viele Stunden aufwenden muss, um ein Klappern zu lokalisieren, das eventuell gar nicht das ist dasselbe ist, das Sie meinen, sollten Sie möglichst präzise Angaben machen. Der vorhandene Fehler muss reproduzierbar sein. Das heißt, Sie sollten genau beschreiben, wann der Fehler meistens auftritt.
Eine gute Hilfestellung bieten hier die **W-Fragen**:

Wann tritt das Problem immer auf? »Beim Befahren von Unebenheiten, wie zum Beispiel über die Brücke XY in eine bestimmte Richtung. Bei Temperaturen unter null Grad ist das Klappern am deutlichsten zu hören, die Motortemperatur spielt dabei keine Rolle.«

Wie kann man das Geräusch verstärken oder abschwächen? »Die Geschwindigkeit, mit der man über die Brücke fährt, ist egal, aber man darf kein Gas geben, damit man das Klappern hören kann.«

Wo kommt das Geräusch her? »Es scheint von vorn rechts zu kommen, wenn ich meine Hand auf die Motorhaube lege, kann ich es sogar fühlen.«

Wieso sind Sie nicht schon früher damit gekommen? »Weil das Klappern erst seit ein paar Wochen vorhanden ist.«

Wer hat zuletzt am Fahrzeug geschraubt? »Sie haben hier den letzten Ölwechsel gemacht, ich habe lediglich die Felgen lackiert.«

Was haben Sie schon dagegen unternommen? »Ich habe schon alle Schrauben in dem Bereich nachgezogen, aber es hat sich nichts geändert.«

Bei einer präzisen Fehlerbeschreibung können Sie sicher sein, dass der Mechaniker den Fehler schneller eingrenzen kann und auch das Reparaturergebnis für alle Beteiligten einfach und schnell überprüfbar ist. Diese W-Fragen sind mit leichten Abwandlungen auf nahezu alle Mängel anwendbar. Möglicherweise finden Sie das Problem auch selbst, wenn Sie sich die richtigen Fragen stellen. Denn niemand kennt ihren Traktor besser als Sie selbst.
Oft sind es Kleinigkeiten, die Sie beiläufig erwähnen, dem Mechaniker aber die richtige Richtung weisen.

Der Ton macht die Musik

Oft treten Streitigkeiten auf, wenn es um Leistungen der Gewährleistung oder Garantie einer Reparatur geht. Auch wenn Sie sich im Recht fühlen und vielleicht auch Recht haben, beachten Sie bitte, das Sie oft nur mit einem Angestellten sprechen, und dessen Motivation entscheidet in der Regel über die Art und Dauer ihrer Auftragsabwicklung.
Damit ihr Anliegen zur vollsten Zufriedenheit bearbeitet wird, sollten Sie die üblichen zwischenmenschlichen Verhaltensregeln einhalten, auch wenn Sie schon eine halbe Stunde in der Warteschlange stehen.
Nicht jeder Zeitpunkt ist gleich gut für einen Werkstattbesuch – der Freitag vor einem langen Wochenende oder Ferienbeginn ist kein so guter Tag. Wir empfehlen ihnen, sich vorher anzumelden und dem entsprechenden Mitarbeiter eine kurze Schilderung ihres Anliegens zu geben. Oft kann dieser schon im Vorfeld wichtige Informationen bereitstellen oder auf etwas hinweisen, das Sie nicht vergessen sollten mitzubringen.

Wenn es doch zu Differenzen kommt

Versuchen Sie, den Vorgang noch einmal mit dem Verantwortlichen sachlich durchzugehen, eventuell auch unter Beteiligung des Mechanikers oder Meisters. Dieses Gespräch sollte in einem seperaten Raum stattfinden und nicht vor weiteren Kunden. Für das Unternehmen kann es sehr schädlich sein, wenn laute Streitereien vor der Kundschaft ausgetragen werden, entsprechend wird die Reaktion ausfallen.
Nehmen Sie ruhig sachkundige Verstärkung mit, ihr Gegenüber wird auch nicht alleine sein. Ein Zeuge kann später sehr wichtig sein. Sollte das Gespräch nicht das gewünschte Ergebnis bringen, haben Sie noch die Möglichkeit, ein Schlichtungsverfahren einzuleiten.
Ein solches Verfahren, welches unter der Regie der jeweils zuständigen Handwerkskammer durchgeführt wird, stellt ein Angebot sowohl an das Mitgliedsunternehmen der Handwerkskammer als auch an dessen Auftraggeber dar, sich außergerichtlich zu einigen.
Ziel eines Schlichtungsverfahrens ist, die Streitigkeiten zwischen dem Handwerker und dem Auftraggeber schnell und unbürokratisch, möglichst durch eine gütliche Einigung, beizulegen.
Sollte dies alles nicht funktionieren, können Sie immer noch den teilweise langwierigen und möglicherweise auch kostspieligen juristischen Weg einschlagen. Soweit sollten Sie es aber nicht kommen lassen.

Informationen über den Betrieb von Traktoren

Welche Fahrerlaubnis ist notwendig?

Um mit einem Traktor am Straßenverkehr teilzunehmen, bedarf es nach dem Gesetzestext einer Fahrerlaubnis, also eines EU-Führerscheines der Klasse »L« – ab 16 Jahren kann dieser in einer Fahrschule erlangt werden. Führerscheine der höheren Klasse schließen diesen ein. Das Kraftfahrtbundesamt definiert die Anforderung wie folgt: *Zugmaschinen, die nach ihrer Bauart für die Verwendung für land- oder forstwirtschaftliche Zwecke bestimmt sind und für solche Zwecke eingesetzt werden, mit einer durch die Bauart bestimmten Höchstgeschwindigkeit von nicht mehr als 32 km/h und Kombinationen aus diesen Fahrzeugen und Anhängern, wenn sie mit einer Geschwindigkeit von nicht mehr als 25 km/h geführt werden und, sofern die durch die Bauart bestimmte Höchstgeschwindigkeit des ziehenden Fahrzeugs mehr als 25 km/h beträgt, sie für eine Höchstgeschwindigkeit von nicht mehr als 25 km/h in der durch § 58 der Straßenverkehrs-Zulassungs-Ordnung vorgeschriebenen Weise gekennzeichnet sind, sowie selbstfahrende Arbeitsmaschinen und Flurförderzeuge mit einer durch die Bauart bestimmten Höchstgeschwindigkeit von nicht mehr als 25 km/h und Kombinationen aus diesen Fahrzeugen und Anhängern.*

Was man im Verkehr beachten muss

Wer mit seinem Traktor aus einem Feld- oder Waldweg auf die Straße einbiegen will, muss grundsätzlich die Vorfahrt gewähren. Bei Sichtbehinderungen muss ein Helfer einweisen. Fahren Sie am besten nur dort auf eine Straße ein, wo Sie auf größere Entfernung eine gute Übersicht haben. Achten Sie deshalb auch darauf, dass Ihre Scheiben immer sauber sind.

Beim Überqueren einer Straße, besonders wenn Sie einen Anhänger mitführen, dürfen Sie sich nicht überschätzen. Ein 16 m langes Gespann benötigt beispielsweise etwa 15 Sekunden, um eine 12 Meter breite Straße zu überqueren. Am besten macht man das, wenn kein Verkehr fließt.

Schmuckstück: *Auch bei Festumzügen braucht ein Oldtimer immer eine Zulassung*

Abbiegen mit Anbaugeräten

Achten Sie beim Linksabbiegen unbedingt auf den Verkehr rechts neben sich. Beim Rechtsabbiegen sollten Sie vor allem auf den Gegenverkehr und auf Fahrzeuge achten, die überholen möchten. Ganz wichtig ist eine deutliche Kennzeichnung an den Außenmaßen der angehängten Maschine mit Reflektoren bzw. einer »fliegenden« Beleuchtung.

Grundsätzliches zur Teilnahme am Straßenverkehr

Vermeiden Sie Fahrbahnverschmutzungen. Säubern Sie vor der Einfahrt auf eine Straße Arbeitsgeräte und Reifen so gut wie möglich. Wenn die Fahrbahn doch verschmutzt wird, muss sie unverzüglich gereinigt werden. Verschmutzte Fahrbahnen sind ein großes Risiko für andere Verkehrsteilnehmer – und mit den Ordnungshütern ist hierbei nicht zu spaßen.

Wenn ein Seitenstreifen vorhanden ist, sollten Sie diesen nutzen, damit der nachfließende Verkehr gefahrlos überholen kann. Fahren Sie umsichtig und orientieren Sie sich häufiger nach hinten.

Bringen Sie vor der Abfahrt alle Arbeitsgeräte auf Transportstellung und verkleiden Sie gefährliche Teile. Ausfahrten mit mehren Traktoren sind das Salz in der Suppe eines jeden Traktorfans. Außerhalb geschlossener Ortschaften müssen Traktorgespanne, die in der Kolonne fahren, so großen Abstand halten, dass überholende Fahrzeuge zwischen ihnen wieder einscheren können.

Wenn Sie alleine fahren und stellen fest, dass sich hinter Ihnen eine Schlange gebildet hat, so sollten Sie das Überholen an geeigneter Stelle möglich machen. Verringern Sie Ihre Geschwindigkeit oder halten Sie an einem Parkplatz oder auf dem Standstreifen an.

An Bahnübergängen muss ein Traktorgespann unmittelbar nach der einstreifigen Bake anhalten, um nachfolgendem Verkehr das Überholen zu ermöglichen. Bei Überholverbot darf bis zum Andreaskreuz vorgefahren werden.

Zusammenstellung von Zügen

An eine Zugmaschine dürfen zwei Anhänger angekoppelt werden, wenn sie für eine Betriebsgeschwindigkeit von 25 km/h gekennzeichnet sind. Die maximale Länge eines Zuges darf 18 Meter nicht überschreiten.

Anhänger dürfen nur mit geprüften Anhängerkupplungen genutzt werden, d.h. ein Typenschild und die Eintragung im Fahrzeugbrief muss vorhanden sein.

Für aller Sicherheit: *Diese Baken sind für andere Verkehrsteilnehmer deutlich sichtbar*

Sicherheit muss oberste Priorität haben: *Der Anhängezapfen muss mit einer Sicherung (oben) ausgestattet sein*

Nicht legal: *Schraubbare Kugelkopfanhängkupplung für Pkw-Kupplungen an der Ackerschiene*

Unbedingt beachten: *Beide Bremspedale müssen bei der Straßenfahrt gekoppelt sein*

Nützliches Zubehör: *»Faulenzer« dürfen angebaut werden, müssen aber im Fahrzeugschein eingetragen sein*

Gleichgewichtsstörung: *Frontgewichte gleichen schwere Anhängelasten aus – mit Beton ausgegossene Bierfässer*

Das Zugmaul darf in Längsrichtung kein Spiel haben, der Kupplungsbolzen muss mit einer Sicherung versehen sein. Sehr wichtig ist die regelmäßige Kontrolle der Vorrichtung auf Durchrostung und Rissbildungen. Bolzen müssen grundsätzlich mit Sicherungssplinten gesichert sein.

Jede Zugmaschine bekommt ihr eigenes amtliches Kennzeichen. Traktoren bis 32 km/h Geschwindigkeit müssen alle zwei Jahre zu einer Hauptuntersuchung (TÜV/DEKRA).

Anhänger im landwirtschaftlichen Betrieb bis 25 km/h und selbstfahrende Arbeitsmaschinen bis 20 km/h sind im Einsatz zu land- und forstwirtschaftlichen Zwecken zulassungsfrei. Diese Anhänger erhalten kein eigenes Kennzeichen – ein Wiederholungskennzeichen vom Zugfahrzeug ist ausreichend. Ein 25km/h-Schild ist vorgeschrieben.

Kennzeichnungspflichten

Bei Dämmerung oder Dunkelheit müssen außerhalb geschlossener Ortschaften haltende Kraftfahrzeuge mit eigener Lichtquelle kenntlich gemacht werden.

Innerhalb geschlossener Ortschaften müssen Fahrzeuge über 3,5 t mit einer eigenen Lichtquelle oder Parkwarntafeln kenntlich gemacht werden, wenn sie auf der Fahrbahn parken.

Warntafeln sind außerdem nötig für:

- Anhänger und Anbaugeräte mit mehr als 40 cm Seitenüberstand.
- Arbeitsgeräte mit verkehrsgefährdenden Teilen (Pflug).
- Fahrzeuge mit einer Breite über 2,75 m (z. B. bei Zwillingsbereifung)

Eine weitere Beleuchtung wird nötig, wenn die Hauptbeleuchtung des Traktors durch Anbaugeräte verdeckt wird.

Warntafeln werden so angebracht, dass die Streifen nach außen und nach unten verlaufen.

Bremsen

Traktoren haben in der Regel zwei unabhängig voneinander wirkende Fußbremsen. Diese dienen dazu, auf dem Acker einen kleineren Wendekreis zu ermöglichen (ähnlich wie bei Kettenfahrzeugen). Beim Betrieb auf öffentlichen Straßen müssen die Fußbremshebel starr miteinander verbunden sein, damit beide Räder gleichzeitig bremsen.

Zubehör

Ein Lenkradknopf muss in der Betriebserlaubnis eingetragen sein. Bei rein mechanischer Lenkung sind diese verboten. (Erfahrungsgemäß sieht der Prüfer bei der Hauptuntersuchung darüber hinweg.)
Ein anschraubbare Kugelkopfanhängkupplung für Pkw-Kupplungen an der Ackerschiene ist grundsätzlich verboten – also vor der Hauptuntersuchung abbauen!

Bereifung

Die Räder müssen durch die Kotflügel zu mindestens 2/3 verdeckt sein. Die Reifengröße ist im Fahrzeugschein festgelegt und darf nicht verändert werden. Das Reifenprofil muss mindestens 1,6 mm betragen.

Anbaugeräte

Achten Sie beim Anbau von Geräten auf eine Vorderachsbelastung von min. 20 Prozent der Leermasse (ggfs. Frontgewichte anbauen).
Bei Anbau eines Frontladers darf die Länge von der Mitte des Lenkrades bis zur Frontladerspitze höchstens 3,5 m betragen.
Bei Betrieb mit Frontanbaugerät und Heckanbaugerät darf die Gesamtlänge höchstens 12 m betragen.
Die Gesamtbreite darf höchstens 3 m und die Höhe 4 m betragen.

Ladung

Bei Beladen Ihres Gespanns müssen Sie sicherheitsrelevante Regeln beachten:

- Eine Breite von 3 m und eine Höhe von 4 m darf nicht überschritten werden.
- Die Gesamtlänge mit 2 Anhängern darf höchstens 20,75 m betragen.
- Die Gesamtmasse darf 40 t nicht überschreiten.
- Sichern Sie Ihre Ladung mit Spanngurten gegen Verrutschen.

Transporte: *So sollte man tunlichst nicht am Straßenverkehr teilnehmen*

Investition in die Zukunft

Ohne das richtige Werkzeug geht nichts. Wenn Sie vorhaben, sich intensiv um Ihren Traktor zu kümmern, müssen Sie sich zunächst Gedanken um das nötige Handwerkszeug machen. Was Sie dazu unbedingt brauchen und wie Sie alles in der heimischen Garage unterbringen können, wollen wir Ihnen in diesem Kapitel zeigen.

Egal, ob Sie nun häufig oder eher selten, aus purer Lust am Basteln oder um Geld zu sparen am Traktor schrauben: Sie müssen dafür zuerst die richtigen Voraussetzungen schaffen. Leider ist das mit Kosten verbunden. Doch wenn Sie bedenken, was eine Arbeitsstunde in der Werkstatt kostet und dass hochwertiges Werkzeug fast ein Leben lang hält, rechnet sich die Investition früher oder später.

Was muss ich als Erstes anschaffen?

Beginnen Sie mit einem Ordnungssystem, bestehend aus einer stabilen Werkbank mit Unterschränken und einem abschließbaren Schrankaufsatz. Ohne ein Ordnungssystem und eine stabile Werkbank sollten Sie nicht beginnen, denn Ordnung und Sauberkeit sind beim Schrauben oberstes Gebot. Das Schöne daran: Das Ganze passt problemlos in eine normale Einzelgarage und bietet Ihnen auf Jahre die nötige Sicherheit. Bei einer Markenfirma wie Gedore kostet eine solche Kombination rund 4200 Euro ohne Inhalt. Dieser lässt sich mit der Zeit ergänzen. Lassen Sie sich doch zum Geburtstag oder zu Weihnachten hochwertiges Werkzeug schenken, die Schränke werden sich schneller füllen als Sie denken.

Woran erkenne ich gutes Werkzeug?

Gutes Werkzeug kann in der Regel nicht billig sein. Ein Ring-/Maulschlüssel kostet je nach Größe zwischen fünf und 15 Euro, so dass ein Satz mit den zehn gebräuchlichsten Größen schon auf rund 80 Euro kommt. Noch größer sind die Qualitäts- und Preisunterschiede bei den Steckschlüsselsätzen – oft auch Umschaltknarren mit Nüssen genannt.

Ein solider Kasten mit 19 Teilen und Verlängerungen kostet an die 200 Euro, hält dafür aber auch höchste Belastungen aus. Auch das Gewicht ist ein gutes Indiz: Je schwerer das Werkzeug ist, um so stabiler ist der Stahl. Nehmen Sie zum Vergleich ein paar Schlüssel in die Hand – achten Sie dabei auf Maßhaltigkeit und die Oberfläche.

Was tun, wenn ich keine Garage habe?

Der ideale Ort zum Schrauben ist natürlich eine in sich abgeschlossene Garage – je größer umso besser. Aber auch wenn Sie lediglich über einen Stellplatz verfügen oder gar im Freien arbeiten müssen, gibt es eine Lösung: Ein Werkstattwagen (links im Bild) lässt sich nach getaner Arbeit leicht wegräumen, zum Beispiel in den Keller. Nur allzu schwer beladen sollte er dann nicht sein. Achten Sie beim Kauf auf die Lagerung der Schubladen. Ein Werkstattwagen in Profi-Qualität kann ohne Inhalt um die 1000 Euro kosten.

> **GEFAHRENHINWEIS**
>
> **⚠ Schrauben birgt Risiken**
>
> Ob nun reines Hobby oder beruflich: Das Schrauben birgt gewisse Risiken. Vom kleinen Kratzer bis hin zum tödlichen Unfall ist schon alles vorgekommen. Beachten Sie daher stets folgende Grundregeln:
>
> - Benutzen Sie nur hochwertiges Werkzeug!
> - Schrauben Sie möglichst immer von sich weg!
> - Sichern Sie angehobene Lasten lieber doppelt!
> - Sorgen Sie für ausreichende Belüftung!
> - Tragen Sie, wann immer möglich, Schutzkleidung!
> - Schützen Sie ganz besonders Ihre Augen!
> - Wenden Sie niemals Gewalt an, beim Schrauben gibt es für jedes Problem eine Lösung
> - Sorgen Sie dafür, dass immer jemand in der Nähe ist, der Ihnen in Notfällen helfen kann!
>
> Dass Essen, Trinken und offenes Licht sowie Zigaretten am Arbeitsplatz nichts verloren haben, setzen wir als selbstverständlich voraus. Lagern Sie aber auch keine Flüssigkeiten in Trinkflaschen. Selbst an destilliertem Wasser kann ein Mensch sterben! Und zu guter Letzt: Legen Sie vorsichtshalber einen Verbandskasten und einen Feuerlöscher bereit.

Was kostet mich das alles?

Zunächst einmal viel Geld, und bitte sparen Sie dabei nicht zu sehr. Ansonsten kostet es nämlich auch noch Ihre Gesundheit. Natürlich müssen Sie nicht auf Anhieb 8000 Euro ausgeben, so viel kostet nämlich die Ausrüstung in unserer vollausgestatteten Garage im Bild links. Allerdings handelt es sich hier auch um einen kompletten Werkzeugsatz eines Markenherstellers in Profi-Qualität. Damit werden normalerweise Werkstätten ausgerüstet. Wir haben die Ausstattung zudem um einige pfiffige und günstige Hilfsmittel, zum Beispiel aus dem Programm von Conrad Elektronik ergänzt, auf die wir später noch genauer eingehen.

Lohnt sich das denn?

Wir meinen: Ja! Wie viel Geld Sie letztendlich ausgeben wollen, bleibt Ihnen überlassen. Beachten Sie dabei aber immer den Grundsatz: Weniger (dafür aber von hoher Qualität) ist mehr als viel (und viel kaputt). Rechnen Sie einfach über die nächsten 15 Jahre...

Die Grundausstattung

Gutes Werkzeug kann billig sein, ist es in der Regel aber nicht. Ein Satz Ring-/Maulschlüssel kostet schon rund 80 Euro. Noch größer sind die Qualitäts- und Preisunterschiede bei den Steckschlüsselsätzen – oft auch Knarrenkästen genannt. Das wichtigste Teil ist hierbei die Knarre selbst. Die Sperrklinken sollten austauschbar sein, gute Hersteller bieten dafür Ersatzteile und einen Service an. Besonders wichtig ist das bei einem Drehmomentschlüssel, der regelmäßig kalibriert werden sollte. Drehmomentschlüssel nach der Arbeit immer entspannen!
Sehr wichtig ist auch die Qualität von Schraubendrehern und Zangen. Damit werden hohe Kräfte übertragen, die das Werkzeug aushalten muss.

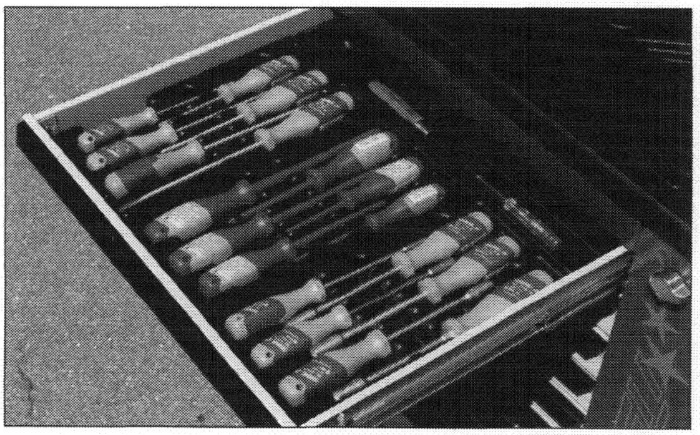

Schraubendreher: *Entscheidend ist der Griff und die Qualität der Spitze. Je drei Größen von Schlitz- und Kreuzschlitz sollten für den Anfang genügen*

Der Werkzeugwagen: *Was sich in diesem Rollcontainer alles verbirgt, sehen Sie auf den Bildern rechts. Diese Luxusversion ist abschließbar und hat laufruhige Gummiräder*

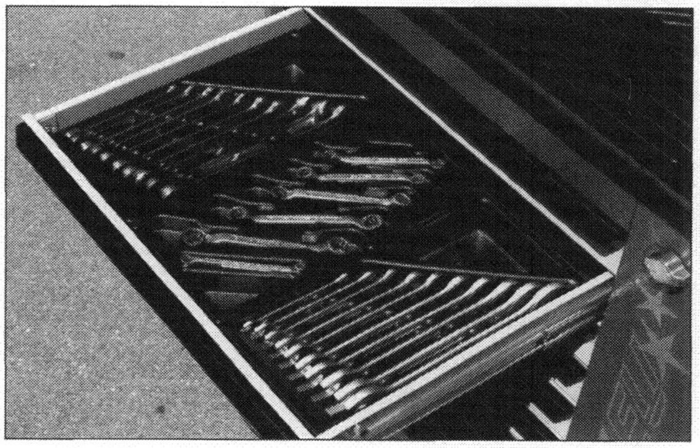

Ring-Maulschlüssel: *Ein kompletter Satz dieser Kombinationsschlüssel von acht bis 22 Millimeter reicht in den meisten Fällen. Zusätzlich gibt es Spezialschlüssel*

Steckschlüssel: *Auch Nüsse und Knarre genannt. Ein guter Kompromiss ist ein Satz mit dem Verbindungsmaß 3/8 Zoll. Niemals an der Umschaltknarre sparen!*

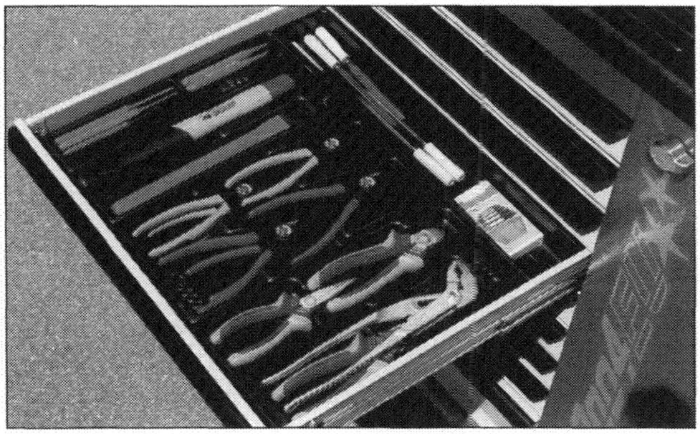

Zangen: *Wichtig sind eine verstellbare Wasserpumpenzange, eine Flach- oder Spitzzange sowie eine Kombizange mit integriertem Seitenschneider*

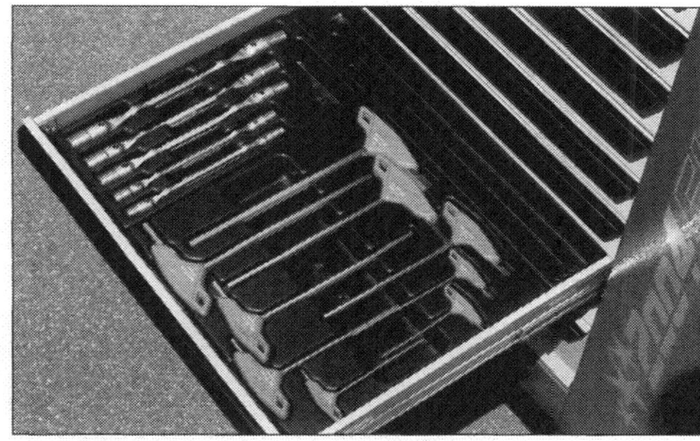

T-Griffe: *Werden meist im Karosseriebereich eingesetzt. Das übertragbare Drehmoment ist nicht sehr hoch, dafür sind auch tief sitzende Schrauben gut zu ereichen*

Torx-Abteilung: *Immer mehr Schraubverbindungen haben Torx- oder Vielzahnköpfe. In diesem Fach ist alles versammelt, was beim Arbeiten an Torx Schrauben dienlich ist*

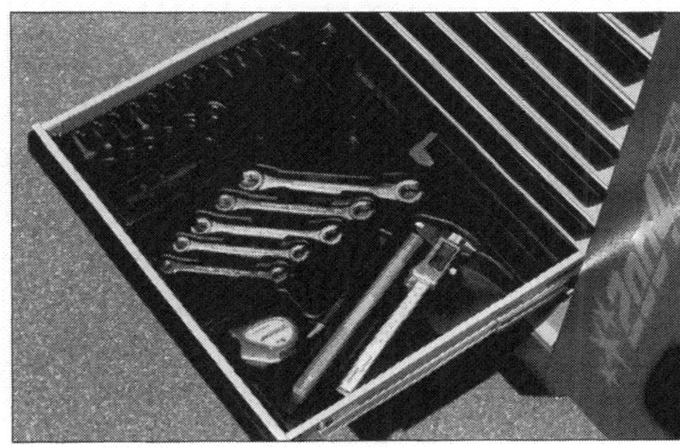

Spezialaufgaben: *Selten benötigte Werkzeuge wie Bremsleitungsschlüssel, Messschieber oder auch die verschiedenen Spezialbits sollten ein extra Fach bekommen*

Gekröpfte Schlüssel: *Manche Schrauben lassen sich überhaupt nur mit einem gekröpftem Schlüssel erreichen. Es gibt verschiedene Ausführungen, auch für Spezialfälle*

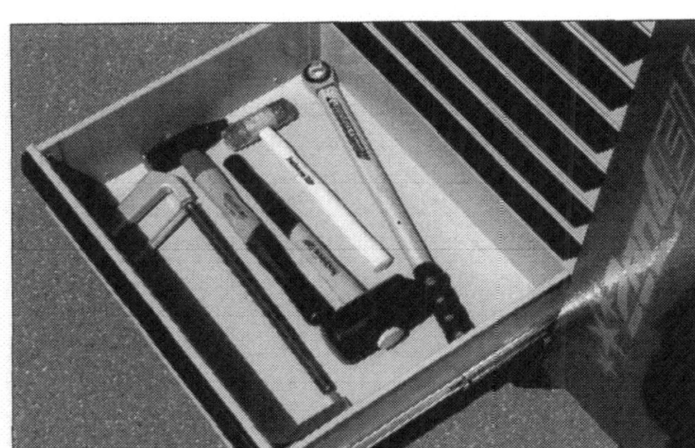

Hammer, Säge, Drehmoment: *Die schweren Werzeuge sollten immer im untersten Schubfach ihren Platz finden. Meistens ist dieses Fach auch größer als die anderen*

Nützliches Zubehör

Wenn Sie genügend Platz haben, können Sie das gesamte Werkzeug auch in einer Werkbank-/Werkzeugschrank-Kombination unterbringen. Lassen Sie aber noch etwas Platz übrig, denn neben gutem Werkzeug beherbergt die Schraubergarage auch immer einige nützliche Helfer.

1 ***Sicherer Stand:*** *Stabile Unterlegkeile sind Lebensretter. Bei allen Arbeiten sollten die Räder gegen Wegrollen gesichert werden – Balken oder Steine können zur Not im Gelände als Sicherung dienen*

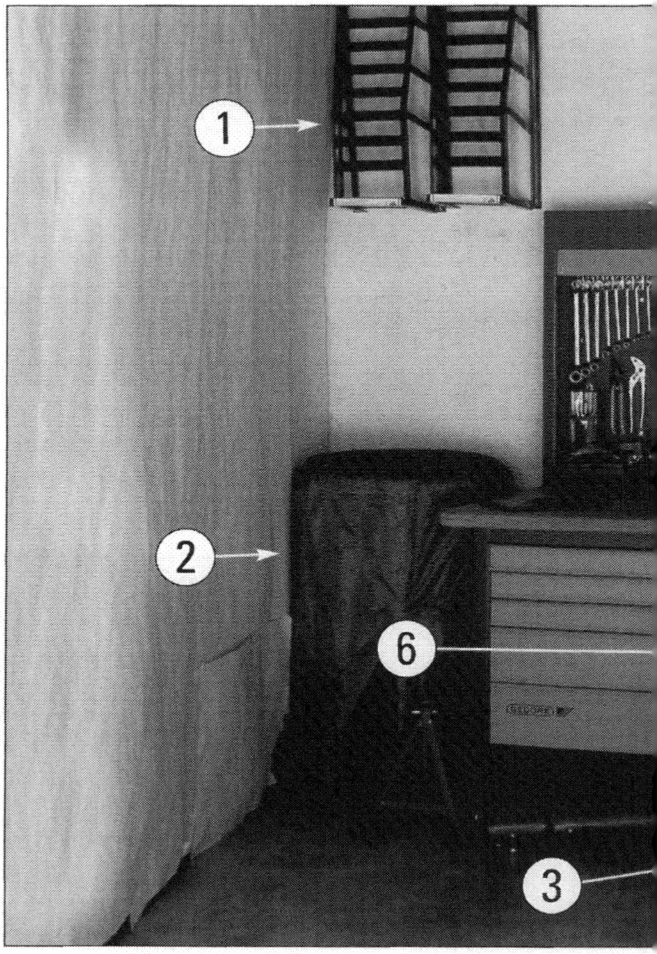

Des Schraubers Traum: *Mit einem cleveren Werkstatt-System können Sie sich auch auf begrenztem Raum ein wahres Schrauberparadies schaffen. Tatsächlich steht die-*

2 ***Beste Bedingungen:*** *Ein aufgeschnittenes Ölfass aus Blech dient als Abfalltonne – hier können Sie Öl getränkte Lappen und anderen Sondermüll sammeln*

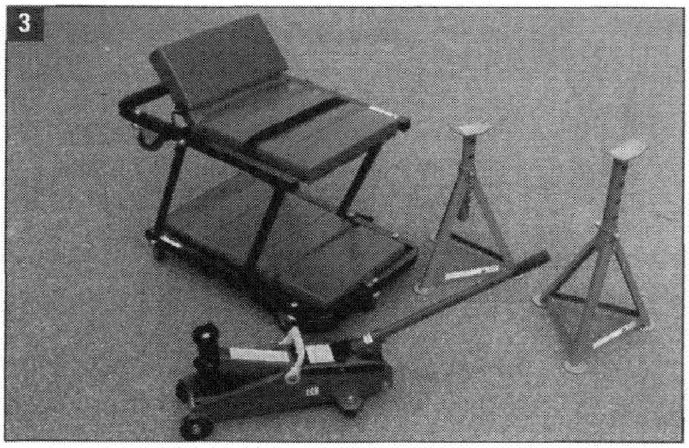

3 ***Helfer für unten:*** *Unterstellböcke und ein hydraulischer Wagenheber sind ein Muss. Ein Rollbrett, das sich zum Hockerr falten lässt, ist dagegen fast schon Luxus*

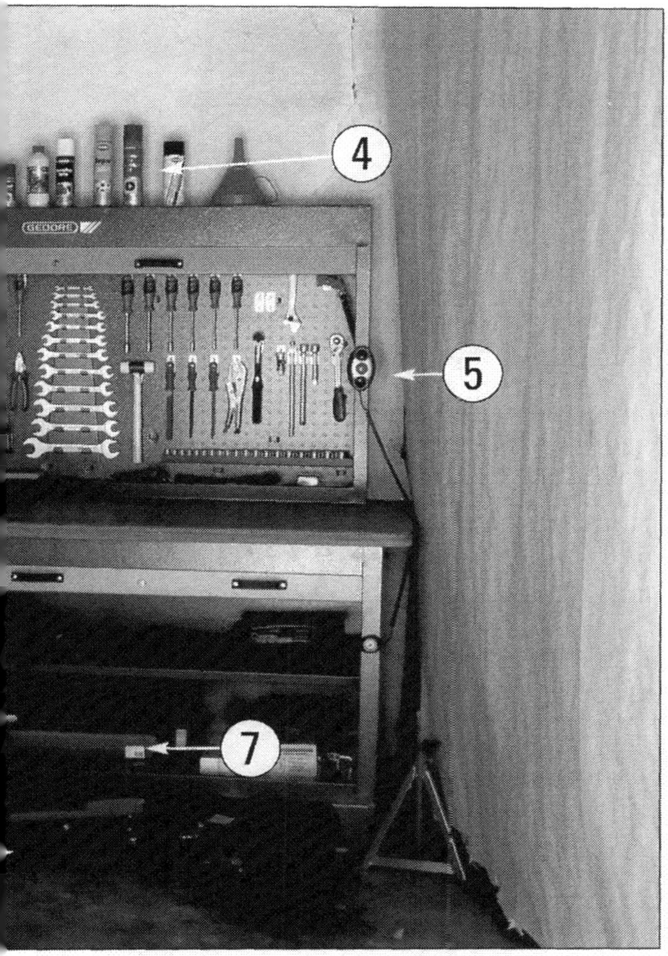

se Einzelgarage, was die Ausrüstung angeht, einer Profi-Werkstatt kaum nach. Alles was jetzt noch fehlt, ist eine Hebebühne, doch diese braucht leider vier Meter Raumhöhe

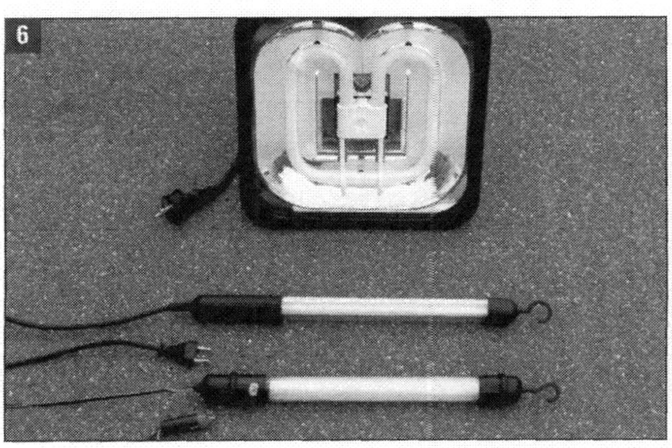

Es werde Licht: *Wenn Sie nicht sehen, woran Sie schrauben, ist das Scheitern vorprogrammiert. Es gibt wirklich genug Möglichkeiten, für ordentliches Licht zu sorgen*

Werkstattapotheke: *Auch ein kleines Sortiment von chemischen Produkten gehört zur Werkstatt. Unverzichtbar sind Teilereiniger und Sprühfett, aber auch die Kupferpaste werden wir noch brauchen*

Ampellösung: *Damit wir die kostbare Werkbank nicht mit dem wertvollen Blech rammen, haben wir einen Abstandswarner montiert. Gefunden bei Conrad-Elektronik*

Ölige Helfer: *Für den Ölwechsel empfehlen wir eine solche Wanne und ein Trichterset. Wer absaugen will, braucht eine Pumpe, die für Öl geeignet ist*

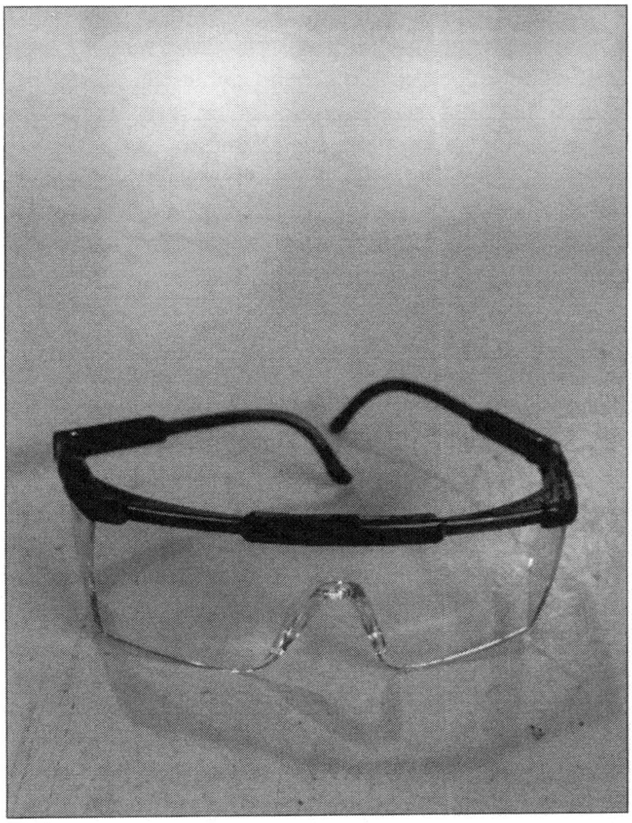

Für die Einzigen: *Ein ordentlicher Schutz für die Augen ist unabdingbar. Die Schutzbrille sollte immer »am Mann« sein, denn Sie haben nur zwei Augen*

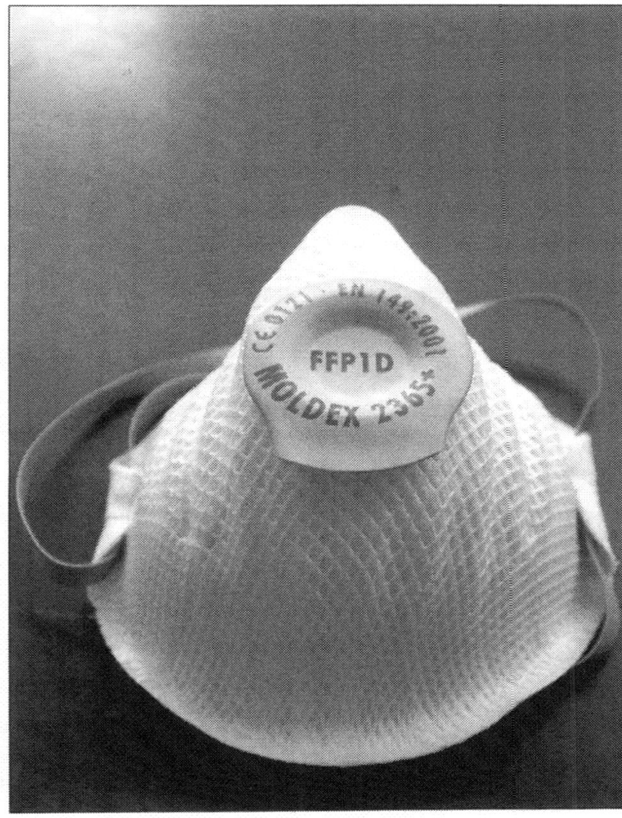

Zum Schutz der Atemwege: *Diese Einmalmasken sollten bei Arbeiten, die Stauben, zum Schutz der Atemwege getragen werden*

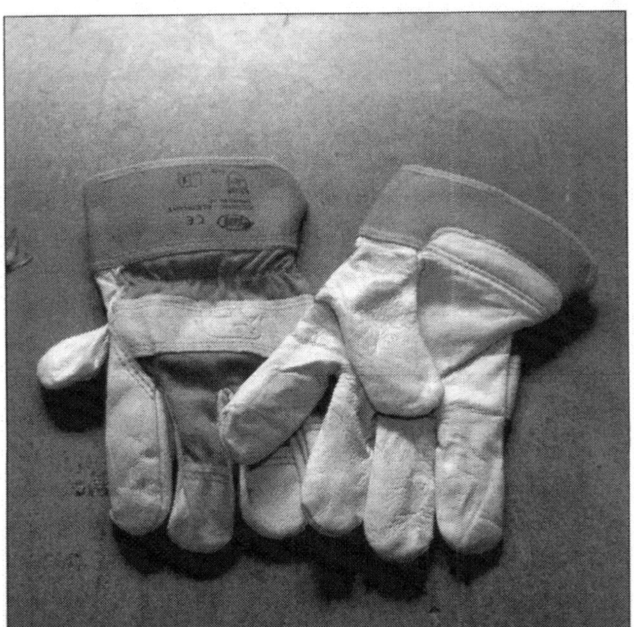

Die Händebeschützer: *Ordentliche Schutzhandschuhe verhindern Verletzungen beim Arbeiten*

Zum Tanzen ungeeignet: *Festes Schuhwerk mit ölechten Sohlen verhindert Verletzungen an den Füßen*

Richtig schrauben

So manchem Schrauber haben unlösbare oder abgerissene Schrauben die Laune schon gründlich vermasselt. Damit Sie nicht zu den Frustrierten gehören, verraten wir ihnen an dieser Stelle ein paar Tipps und Kniffe.

Drehmomente beachten

Um eine notwendige Verbindungs-Haltekraft ausüben zu können, muss eine Schraube (Mutter) in dem ihr zugeordneten Innengewinde (Außengewinde) mit einem bestimmten Anziehdrehmoment festgezogen werden. Nur damit ist garantiert, dass die durch die Schraube (Mutter) zueinander verspannten Bauteile ausreichend fest sind und sich die Schraubverbindung nicht von alleine löst.

■ Werden Schrauben/Muttern zu leicht angezogen, besteht die Gefahr, dass sich die Schraubverbindung lockert.

■ Werden Schrauben/Muttern zu fest angezogen, werden ihre Gegengewinde »weich«; gefühlt ist die Schraubverbindung »fest«. Spätestens im Betrieb lockert sie sich und fällt ab.

■ Werden Schrauben/Muttern bei der Montage zu fest angezogen, reißen bzw. brechen dabei aber (noch) nicht, dann aber spätestens im Betrieb.

Schraube/Mutter M6	6 bis 10 Nm
Schraube/Mutter M8	15 bis 20 Nm
Schraube/Mutter M10	30 bis 40 Nm
Schraube/Mutter M12	55 bis 70 Nm
Schraube/Mutter M14	85 bis 100 Nm
Schraube/Mutter M16	120 bis 140 Nm

Tipp: Profis zeichnen jede Schraube/Mutter, die sie mit dem vorgeschriebenen Drehmoment angezogen haben, mit einer Farbmarkierung. Sollte sich eine Schraubverbindung wider Erwarten öffnen, sieht man das an den zueinander verdrehten Farbstrichen!

Die richtige Länge

Stahlschrauben, die in Aluminium gedreht werden, müssen mindestens mit der Länge des doppelten Schraubendurchmessers in das Innengewinde eingeschraubt werden (M6 also 12 mm).
Noch besser ist die zweieinhalbfache Länge (bei M6 also 15 mm).

■ Wenn man keine Schrauben in der passenden Länge bekommt und nur solche, die 5 mm zu kurz oder 20 mm zu lang sind, dann lieber die zu langen kaufen und auf passende Länge kürzen. Lohn der (Säge-)Arbeit ist ein nicht ausreißendes Gewinde!

■ Wenn Schmutz oder Reste von Schraubenkleber an der Schraube haften, diese mit einer Messingbürste reinigen. Eine scharfe Stahlbürste reißt die Oberflächen des Gewindes auf!

Bei jeder Schraube, die wieder montiert werden soll, ihr Gewinde begutachten: Ist das Gewinde defekt, ist die Schraube reif für die Mülltonne. Am besten, man nimmt grundsätzlich neue Schrauben und Muttern.

Verschiedene Muttern und Scheiben

■ Unterlag- oder Wellenscheiben sollen zwischen Stahlmuttern und Aluminium gelegt werden, das verbessert die Flächenpressung und schont das Alu.

■ Eine Federscheibe, auch »Sprengring« genannt, verhindert durch ihre beiden Zacken bis zu einem gewissen Maß das Lösen der Verbindung – grundsätzlich nur bei Stahl auf Stahl verbauen!

■ In die Stoppmutter ist ein Kunststoff-Sicherungsring eingesetzt, der die Mutter auf dem Schraubgewinde »verklemmt« und damit sichert. Stoppmuttern sollen nur einmal verwendet werden.

■ Stahlmuttern mit fest angefügter Feinzahnscheibe sind eher selten, sie werden ohne zusätzliche Unterlegscheibe auf Alu oder Stahl verschraubt. Nach mehrmaliger Verwendung ist die Verzahnung »platt«, sichert also nicht mehr richtig.

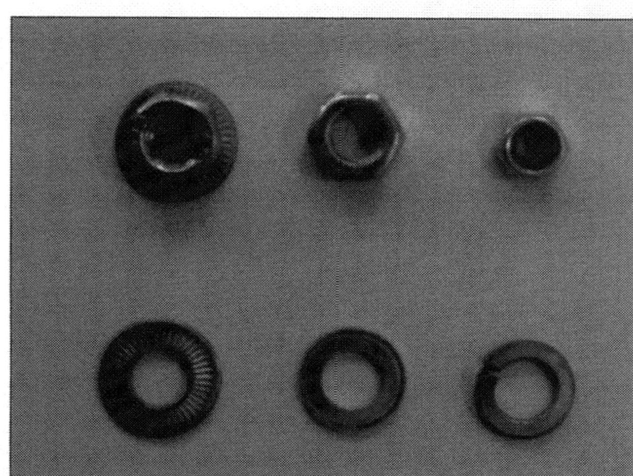

***Kleine Auswahl:** Für jede Befestigung gibt es die richtige Mutter und Unterlagscheibe*

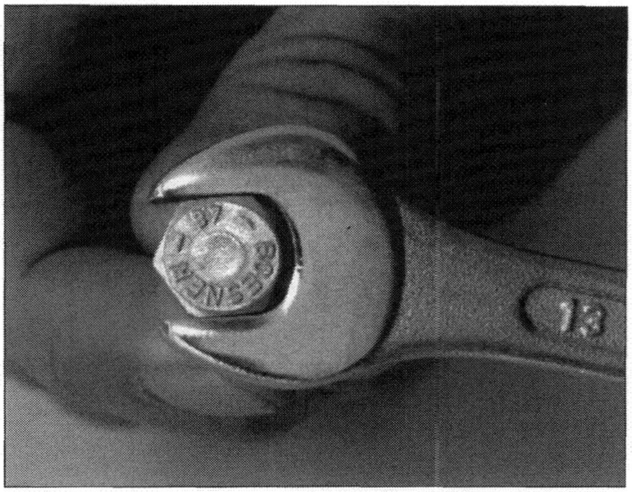

Das passt: *Nur mit einem maßhaltigen Schlüssel kann eine Schraube erfolgreich gelöst werden*

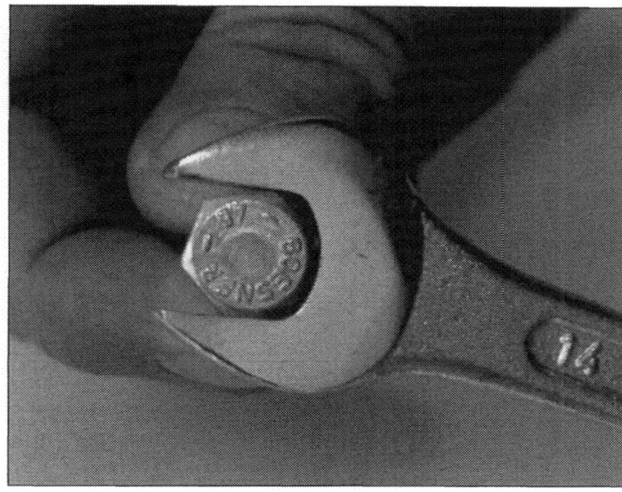

Das geht schief: *Wer in Ermangelung des richtigen Schlüssels zum nächstgrößeren greift, hat anschließend Kummer*

Verrostete Schraubverbindungen lösen

Bevor Sie eine festgerostete Mutter bzw. Schraube lösen, befreien Sie die überstehenden Gewindegänge von Schmutz und Rost. Andernfalls wird nämlich die Reibung auf den Gewindeflanken so groß, dass Sie die Mutter regelrecht abwürgen müssen oder Ihnen kurzerhand der Gewindebolzen abschert.

- Säubern Sie das überstehende Gewinde mit einer Drahtbürste und sprühen es anschließend mit Rostlöser ein.
- Bei Schnellrostlösern drehen Sie die Mutter meist sofort los, ...
- ... andere Rostlöser (Öl, Petroleum, Diesel, etc.) lassen Sie erst einige Zeit einwirken.

Beschädigte Muttern lösen

- Wenn Sie mit dem Gabelschlüssel eine Sechskantmutter rund gedreht haben oder die Anlageflächen bereits vom Rost zerfressen sind, ist Gewalt häufig das letzte Mittel.
- Bei kleineren Muttern hilft ab und zu noch eine stabile Gripzange. Häufig lässt sich damit noch der angefressene Sechskant greifen und die Mutter dann lösen.
- Hilft das nicht weiter, sprengen Sie die Mutter mit einem scharfen Meißel. Werkstätten setzen bei widerspenstigen Exemplaren häufig einen Mutternsprenger ein.
- Gut zugängliche Muttern können Sie – entlang des Gewindes – mit einer Metallsäge aufsägen.
- Als letzte Möglichkeit bleibt der Trennschleifer.

Inbus- und Vielzahnschrauben

- Ehe Sie ein Werkzeug ansetzen, befreien Sie das Sackloch des Schraubenkopfes von Schmutz.
- Zum Lösen solcher Schrauben eignen sich am besten Steckeinsätze mit langem Sechskant bzw. Vielzahn.
- Im Gegensatz zu gebräuchlichen Winkelschlüsseln (bei denen die Kraft immer schräg ansetzt) vertragen Steckeinsätze auf der Adapterseite auch einen Hammerschlag. Der Schlag – im Notfall sogar direkt auf den Schraubenkopf – lockert meistens die Schraube ein wenig und erleichtert das Lösen.

Schlitz- und Kreuzschlitzschrauben

- Schon nach relativ kurzer Zeit können Schrauben so fest sitzen, dass Sie einen normalen Schraubendreher damit schlichtweg überfordern. Bei Kreuzschlitzschrauben kommt erschwerend hinzu, dass der Schraubendreher auch bei starkem Gegendruck aus dem Kreuzschlitz wandert. Folge: Schon nach wenigen Versuchen ist der Schraubenkopf vermurkst und die Schraube wird zum Problem.
- »Festgebackene« Schrauben versuchen Sie zunächst mit einem knackigen Hammerschlag auf den Schraubenkopf zu lösen – selbstverständlich dürfen Sie diese Möglichkeit nicht anwenden, wenn das Matreial des Untergrunds dabei zerstört wird (z.B. bei Glas oder Kunststoff). Dadurch trennen sich oft schon die Gewindegänge. Wenn Sie den Schraubenkopf nicht direkt mit dem Hammer erreichen, setzen Sie einen passenden Schraubendreher mit stabilem

Griff an und traktieren die Verbindung mit Schlägen auf den Griff.

■ Häufig reicht das schon und die oft nur am Kopf korrodierte Schraube löst sich und lässt sich dann normal ausschrauben.

Stehbolzen lösen

■ Stehbolzen (Gewindestange) bieten einem Schraubenschlüssel meist keine Anlagefläche. Mit einem so genannten Stehbolzenausdreher können Sie auf dem Stehbolzen eine provisorische Schraubmöglichkeit schaffen.

■ Schweißen Sie zum Lösen eine Mutter auf dem überstehenden Bolzengewinde fest oder kontern Sie zwei Muttern gegeneinander.

■ Zum Lösen gekonterter Muttern setzen Sie den Schraubenschlüssel immer an der unteren Mutter an. Zum Festziehen nutzen Sie grundsätzlich die obere Mutter.

Abgerissene Schrauben ausbohren

Ist die Schraube abgerissen, bleiben nicht mehr viele Möglichkeiten. Eine davon ist das Ausbohren, denn fest steht: Das verbliebene Teil muss raus. Die Gefahr, dabei das Gewinde zu beschädigen, ist groß. Lassen Sie sich also Zeit bei dieser Operation. Nur so können Sie das Gewinde erhalten.

■ Geben Sie zunächst einen Körnerschlag exakt in die Mitte des Schraubenstumpfs.

■ Bohren Sie den Stumpf an: Bis Schraubengröße M 8 schafft das ein so genannter Kernlochbohrer. Als Kernloch wird der Durchmesser einer Schraube ohne Gewindeflanken bezeichnet. Bis zur Schraubengröße M 6 gilt die Faustregel: Gewindedurchmesser multipliziert mit 0,8. Beispiel: Verschraubung M 6 x 0,8 = Kernlochdurchmesser 4,8. Bei Schrauben, die größer sind als M 8, sollten Sie mit einem dünneren Bohrer vorbohren. Zur Kühlung unbedingt Bohrwasser oder Öl verwenden

■ Die in den Gewindegängen verbliebenen Metallreste können Sie anschließend mit einer Reißnadel oder Stabmagneten entfernen. Falls nicht, schneiden Sie das Gewinde vorsichtig nach. Der Gewindeschneider entfernt dabei die Reste des alten Bolzens.

Gewinde schneiden

Leichtmetall hat eine geringere Festigkeit als etwa Stahl, demzufolge reißen Gewinde hier besonders leicht aus. Solange um das alte Gewinde herum noch

Ein Fall für den Schrott: *Verrostete oder beschädigte Schrauben sollten Sie niemals wieder verwenden*

genügend Materialsubstanz vorhanden ist, können Sie ein größeres Gewinde einschneiden. Andernfalls lassen Sie in der Fachwerkstatt eine Gewindebuchse einsetzen. Neue Gewinde schneiden Sie in drei Stufen. Die entsprechenden Gewindeschneider heißen daher Vorschneider (ein Ring am Schaft), Mittelschneider (zwei Ringe am Schaft) und Fertigschneider (ohne bzw. drei Ringe am Schaft).

■ Drehen Sie die Gewindeschneider unter ständigem Ölen nacheinander in das vorgebohrte Kernloch ein und aus.

■ Um die Schneider nicht abzureißen, nehmen Sie immer nur kleine Vorwärtsdrehungen (max. 1/8 des Umfangs) vor. Drehen Sie danach den Schneider immer so weit zurück, bis die Schneidspäne abbrechen und der Schneider nicht mehr klemmt.

Gewindereparatur

Es gibt viele Gründe, warum ein Gewinde nicht mehr in der Lage ist, das vorgesehene Anzugsdrehmoment zu halten.

Grund 1: Häufiges Lösen und Anziehen führt zum Verschleiß im Gewinde, und, je nach Häufigkeit der Benutzung, zur Zerstörung.

Grund 2: Die zum Teil recht weichen Aluminiumguss-Legierungen sind in dieser Beziehung besonders problematisch und anfällig.

Grund 3: Schrauben oder Muttern werden mit zu großen Anziehdrehmomenten angezogen.

Grund 4: Durch Korrosion (»Rost«) zwischen Schraube und Bauteilwerkstoff kommt es zum »Festbacken« der Schraube. Beim Versuch, die Schraube zu lösen, wird das Mutterngewinde zerstört.

Zerstörte Gewinde können mit geringem Aufwand und Kosten einfach und zuverlässig repariert werden, indem das defekte Innengewinde ausgebohrt und ein aus gewickeltem Draht bestehender Gewindeeinsatz eingedreht wird. Verschiedene Hersteller bieten dieses Verfahren in Fachgeschäften an.

Diese »Repairkits« in den Abmessungen von M2 bis M36 kosten ca. 40 Euro und enthalten:

- Kernlochbohrer mit dem Kernloch-Gewindedurchmesser für das neue Gewinde
- Gewindebohrer
- Einbauwerkzeug – das ist eine Einbau-Gewindespindel mit einem kleinen Ansatz vorne
- 20 Drahtgewindeeinsätze aus hoch korrosionsbeständigem Stahl der Legierung 1.4301 (Festigkeit mehr als 1.400 N/mm^2)

Und so wird damit ein Gewinde repariert:

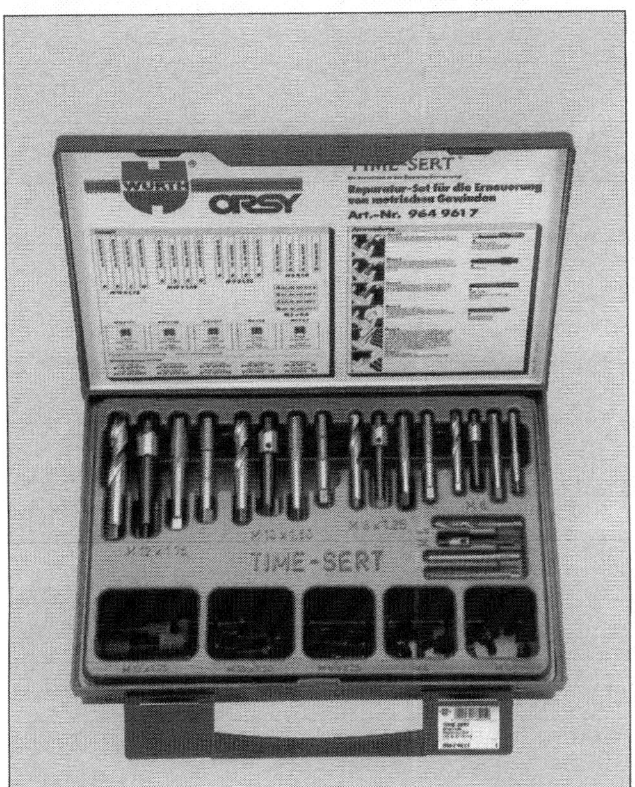

***Helfer in der Not:** Mehrere Hersteller bieten Gewinde-Reparatursets an*

1. Schritt: Wenn der Rest einer abgebrochenen Schraube im alten Gewinde steckt: Sichtbaren Schraubenrest ankörnen, mit einem scharf geschliffenen Bohrer, der 0,5 mm kleiner ist als der alte Gewinde-Nenndurchmesser (Beispiel M6: Bohrer 5,5 mm), das abgebrochene Gewindestück vorsichtig ausbohren.

2. Schritt: Mit dem im Reparatursatz befindlichen Bohrer das beschädigte Gewinde komplett ausbohren. Der Bohrerdurchmesser entspricht dem Kerndurchmesser des neuen Aufnahmegewindes für den Drahtgewindeeinsatz.

3. Schritt: Aufnahmegewinde für den Drahtgewindeeinsatz mit dem beiliegenden Gewindebohrer schneiden.

Wichtig: Damit keine Späne in Gewindebohrungen hineinfallen, den Gewindebohrer vor dem Gewindeschneiden in Fett eintauchen, dann bleiben die Späne am Gewindebohrer haften.

4. Schritt: Gewinde reinigen, z. B. mit Druckluft ausblasen. Unbedingt alle Späne entfernen!

5. Schritt: Drahtgewindeeinsatz mit der Einbauspindel montieren. Dieses ist sehr einfach, der Drahtgewindeeinsatz wird mit der Spindel wie eine Schraube in das vorbereitete Aufnahmegewinde eingedreht.

6. Schritt: Nach der Montage des Drahtgewindeeinsatzes dessen Mitnehmerzapfen abbrechen

Tipp: Zapfenwerkzeug zuvor in etwas Fett tauchen, ganz in den Drahtgewindeeinsatz einführen, mit einem kleinen Hammer einen leichten Schlag auf das Zapfenwerkzeug geben und den abgebrochenen Mitnehmerzapfen aus dem Drahtgewindeeinsatz entfernen.

Wichtig: Bei der Reparatur von Durchgangsbohrungen muss dringend darauf geachtet werden, wo der abgebrochene Mitnehmerzapfen hinfällt, damit er z. B. bei Arbeiten am Motor nicht nicht zwischen empfindliche Motorenmechaniken gerät!

Eine solche Gewindereparatur ist innerhalb von zehn Minuten ohne Schweißaufwand erledigt. Nach der Reparatur ist das Gewinde um ein Vielfaches belastbarer als das Originalgewinde.

Das Gewinde wurde nicht etwa »geflickt«, sondern seine Qualität wurde deutlich verbessert: Der Drahtgewindeeinsatz besteht aus Edelstahl und macht so das Gewinde verschleißfester und korrosionsbeständiger. Zukünftige Wartungsarbeiten können diesem Gewinde nichts mehr anhaben.

Alles über Schweißen

Da die Kunst des Schweißens einige Materialkenntnisse und Übung im Umgang mit den einzeln Verfahren absolut notwendig ist, beschränken wir uns auf die Vorstellung einzelner Schweißtechniken.
Sicher werden bei der Erhaltung Ihres Traktors oftmals Situationen auftreten, bei denen der Einsatz eines Schweißgeräts unabdingbar ist.
Gerade an Traktoren, mit denen man häufig in unwegsamen Gelände unterwegs ist und manchmal durch extreme Belastungen Maschinenteile brechen können, treten Schäden auf, die geschweißt werden müssen. Beim Schweißen von sicherheitsrelevanten Teilen wie Rahmen etc. raten wir zum Gang zum Fachmann.
Natürlich können Sie sich die Befähigung und dadurch auch die Sicherheit, alles richtig zu machen, aneignen. Verschiedene Berufsschulen oder Volkshochschulen bieten Schweißkurse an, bei denen Sie den Umgang mit Materialien und Schweißgeräten erlernen können. Dennoch bleibt ein gewisses Restrisiko, weil bei Schweißarbeiten große Erfahrung Vorausetzung ist – ein Schweißerschein wird von den Behörden im privaten Bereich jedoch nicht verlangt.
Selbst wenn Sie alle Voraussetzungen mitbringen, bleibt immer noch ein relativ hoher Preis für die Anschaffung von Schweißgerät und Schutzeinrichtungen – und ob sich das auf Dauer rechnet, müssen Sie selbst entscheiden.

Elektrodenschweißen

Geräte zum Elektro-Schweißen sind bei den Anschaffungskosten die günstigste Variante.
Allerdings ist auch die Einsatzmöglichkeit beschränkt: ein dünnes Material lässt sich hiermit sicherlich gut verbinden, aber man stößt bei den Einsatzmöglichkeiten sehr schnell an die Grenze des Machbaren.

Links oder rechts, das ist hier die Frage: *Beim Elektrodenschweißen stößt man schnell an die Grenzen des Machbaren*

Autogenes Schweißen

Beim umgangssprachlich Autogenschweißen, korrekt jedoch Gasschmelzschweißen oder auch Acetylenschweißen genannten Verfahren werden Werkstücke aus Metall mittels offener Flamme, die bei der Verbrennung von Azetylen und Sauerstoff entsteht, erhitzt und direkt oder durch Zugabe von speziell legiertem Schweißdraht miteinander verbunden.
Zu einem Schweißgerät gehören mindestens je eine Stahlflasche für Acetylen und für Sauerstoff.
Auf den Flaschen ist jeweils ein Druckminderventil aufgeschraubt, um den Flaschendruck auf den jeweiligen Arbeitsdruck zu reduzieren. Danach sind Absperrventile und Flammensicherungen angebracht, damit die Flamme nicht in die Flaschen zurückschlagen kann.
Die Schweißflamme wird am Schweißbrenner eingestellt, wobei Acetylen und Sauerstoff aus der Stahlflasche im Verhältnis 1:1 gemischt werden. Je höher die Geschwindigkeit ist, mit der das Gasgemisch aus dem Brenner strömt, desto höher die Temperatur.
Die Flamme bewirkt, dass beim Schweißen keine Luft an das Werkstück gelangt und somit keine Oxidschicht entstehen kann, die das Schweißen negativ beeinflusst.
Das Acetylen-Sauerstoff-Gemisch verbrennt in zwei Stufen. In der ersten Stufe findet an der Brennerspitze eine unvollständige Verbrennung statt. Die dadurch entstehenden Gase Kohlenmonoxid und Wasserstoff holen sich zu ihrer restlosen Verbrennung zusätzlich Sauerstoff aus der Umgebungsluft. Dadurch bildet sich eine sauerstofffreie Zone vor der Flamme. In dieser so genannten »Schweißzone« herrscht die höchste Temperatur der Flamme mit etwa 3200 °C.

Schneiden von Metallen mit dem Schneidbrenner

Das Brennschneiden verschiedener Materialien, mit einer Stärke von 1 mm bis 50 mm, kann mit derselben

Im Herzen ist es am heißesten: *In unmittelbarer Nähe des Brenners ist die Flamme am effektivsten*

Wärme ist wichtig: *Beim Hartlöten müssen beide Materialteile erhitzt werden*

Anlage durchgeführt werden, jedoch muss der Brenner hierzu gewechselt werden. An Stelle des Schweißbrenners wird nun ein Schneidbrenner an die Gasflaschen angeschlossen.
Die Schneidwirkung wird erzeugt, indem das Material an der Schneidstelle auf eine Temperatur von etwa 1150 °C gebracht wird. Diese Temperatur ist niedriger als der Schmelzpunkt (etwa 1500 °C) des Stahls. Durch Zuführen eines Sauerstoffstrahls unter Druck wird ein Verbrennen von Material an der erwärmten Stelle erzeugt und das so verbrannte Material aus der Trennfuge geblasen.

Schutzgasschweißen

Je nach Leistung können mit dem Schutzgasgerät nahezu alle Schweißarbeiten erledigt werden. Im Karosseriebereich werden heute fast alle Schweißarbeiten mit Schutzgas erledigt. Bleche und Profile sind für die meisten Geräte kein Problem.
Je nach Art des Schutzgases wird das Schutzgasschweißen in zwei Bereiche eingeteilt. Das MAG-Schweißen (Metall-Aktiv-Gas-Schweißen) und das MIG-Schweißen (Metall-Inert-Gas-Schweißen).
Inerte Gase, Argon oder Helium, sind chemisch träge Gase, die im Gegensatz zu aktiven Gasen wesentlich schlechter reagieren. Zum Schweißen von Leichtmetall oder hochlegierten Stählen verwendt man inerte Gase. In den meisten Reparaturfällen kommt MAG zum Einsatz. In der Praxis wird meist Corgon, eine Mischung aus Kohlendioxid und einem Edelgas, verwendet.
Herzstück des Schutzgas-Schweißeräts ist ein Trafo, der eine Netzspannung von 230 oder 400 Volt auf 50 Volt Gleichstrom transformiert. Die Spannung, die der Trafo erzeugt, wird als Sekundärspannung bezeichnet. Diese ist einstellbar; die Stromstärke, die im Lichtbogen anliegt, wird damit indirekt geregelt. Je höher der Sekundärstrom ist, desto dickeres Material kann man damit verschweißen.
Die Elektrode ist beim Schutzgasschweißen ein Draht, der von einer Vorschubeinrichtung durch das

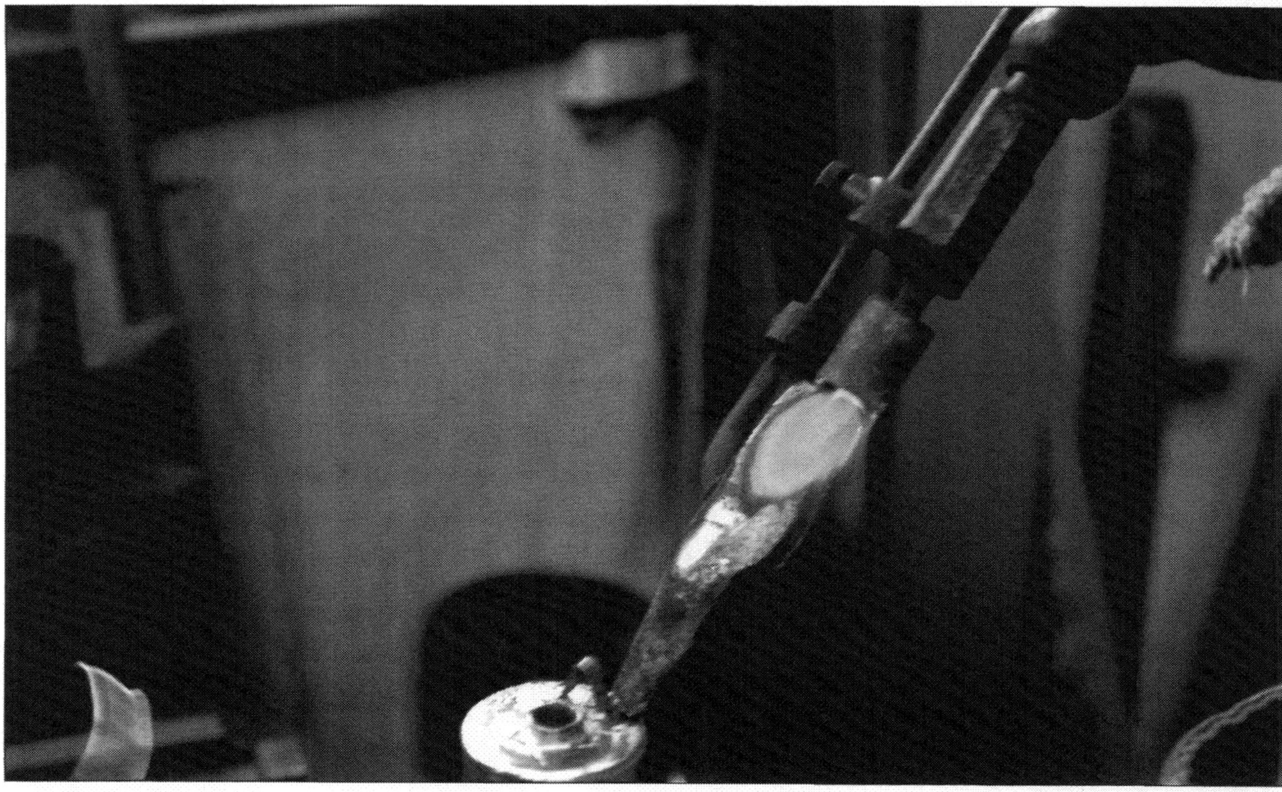

Auf den richtigen Fluss kommt es an: *Weichlöten erfordert Materialkenntnisse*

Schlauchpaket zum Brenner geschoben wird. Dort läuft er durch eine Stromhülse, die ihn mit Strom versorgt. Man kann verschiedenste Materialien unter Schutzgas verschweißen. Neben niedrig legierten Stählen sind das vor allem Aluminiumlegierungen und Edelstahl – hierzu muss Schweißdraht und Gas dem jeweiligen Material angepasst werden.

Achten Sie auf Ihre Gesundheit

Beim Schweißen gilt wie bei allen Arbeiten: »safety first«. Das fängt bei der Schutzkleidung an und hört beim Feuerlöscher auf. Wie alle Schweißverfahren ist Schutzgasschweißen eine heiße Angelegenheit. Wenn man nicht an absolut sauberen Materialien schweißt, kann es vorkommen, dass glühende Perlen auch noch Sekunden, nachdem der Lichtbogen erloschen ist, über den Werkstattboden spritzen.

Schweißen Sie nie in der Nähe von entflammbaren Materialien.

Arbeitskleidung sollte mindestens aus reiner Baumwolle bestehen – Bekleidung mit Kunstfaseranteilen können zu schweren Verbrennungen führen. Es wird auch spezielle Schweißerkleidung aus schwer entflammbaren Materialien angeboten, diese sind aber relativ teuer. Obligatorisch sind Sicherheitsschuhe aus Leder, ebenfalls empfehlenswert sind Arbeitshandschuhe aus Leder und eine Kopfbedeckung.

Besonderes Augenmerk muss auf den Schutz der Augen gelgt werden.

Der Lichtbogen einer Schweißflamme ist unerhört hell und für die Augen nicht zu ertragen. Neben der Tatsache, dass das Schweißschild Spritzer vom Gesicht fernhält, kann man durch das geschützte Sichtfenster den Lichtbogen beobachten.

Das Sichtfenster besteht aus zwei Scheiben. Eine ist stark getönt und hält dadurch UV-Strahlung und extremes Licht ab. Die zweite Scheibe, die Klarscheibe, dient zum Schutz gegen Beschädigungen oder Verschmutzungen.

Die getönten Scheiben gibt es in verschiedenen »Tönungen«, denn je mehr Schweißstrom fließt, desto heller ist der Lichtbogen.

Schweißschilde werden in verschiedensten Formen und Farben verkauft. Gängig und lange haltbar sind

Schilde aus Kunststoff. Profischweißer nutzen Helme, deren Sichtfeld sich beim Schweißen automatisch abdunkelt.
Diese Schutzschilde können auch beim Elektroschweißen verwendet werden. Beim Autogenschweißen reicht in der Regel ein Schweißer-Schutzbrille aus.

Löten

Weichmetalle wie Kupfer oder Messing können nicht geschweißt werden. Hier bedient man sich in der Regel der Weichlöttechnik, z. B. bei Leckstellen am Kühler. Hierbei wird die abzudichtende Stelle mit einem Lötkolben – erhitzt mit Strom oder Gas – so lange erwärmt, bis das Lötzinn im Kontakt damit schmilzt und in die Reparaturstelle fließt. Nach Auskühlen des Lötzinns sollte die Stelle dicht sein. Das hört sich ganz einfach an, setzt aber auch ein gerüttelt Maß an Materialkenntnissen voraus. Vor allem trifft dies auf die Auswahl des Lötzinns und der hilfreichen Flussmittel zu. Lassen sich beim Kauf der Materialien vom Fachmann beraten.

Hartlöten

Hartlöten verbindet zwei Werkstücke bei hoher Temperatur. Neben Lot und Flussmittel braucht man hier auch eine Flamme für die nötige Hitze.
Im Gegensatz zu der Weichlötung, bei der die Verbindung ja auf Oberflächenhaftung (Adhäsion) beruht, sind die Vorgänge beim Hartlöten etwas schwieriger.
Da bei der Hartlötung zwischen Lot und Grundwerkstoff eine so genannte Legierung entsteht, ist die Wahl des geeigneten Lotes äußerst wichtig. Lote haben die Eigenschaft, auf metallisch sauberen Oberflächen der auf Arbeitstemperatur gebrachten Grundwerkstoffe, dass sie sich in alle Richtungen gleichmäßig flächig ausbreiten – Lote verlaufen, wie der Fachmann sagt.
Eine Legierungsbildung, bei der der Grundwerkstoff in festem Zustand bleibt, bezeichnet man als Diffusion. Nach den Diffusionsgesetzen diffundieren immer beide Partner ineinander, d.h. die Grundwerkstoffe (Eisen, Kupfer etc.) in die Lotschicht, wie umgekehrt Lotwerkstoffe in den Grundwerkstoff. Dies kann aber nur geschehen, wenn die thermischen Eigenschaften der zu verbindenden Metalle ähnlich sind.
Voraussetzung für die Durchführung eines erfolgreichen Lötgangs ist eine ausreichend dimensionierte Flamme. Im Handel werden viele Varianten angeboten, die mit Kartuschen und Spezialbrennerkopf ausgerüstet sind und laut Produktbeschreibung auch zum Hartlöten eingesetzt werden können. Leider reicht die Energie nicht immer aus, um größere Werkstücke ausreichend erwärmen zu können. Die Fehlerquellen bei Lötungen können vielfältig sein. Wenn jemand gut schweißen kann, hat er noch lange nicht das Geschick, eine gute Lötung durchzuführen.
Um die Lötung letztendlich durchführen zu können, kommen Flussmittel zum Einsatz, diese aggressive Chemikalien. Bei falschem Umgang können die Bestandteile für den menschlichen Organismus schädlich sein. Die Berührung mit der Haut sollte tunlichst vermieden werden. Zum Schutz der Atmungsorgane sollte für ausreichende Belüftung gesorgt werden.

⚠ Schweißen ist gefährlich

GEFAHRENHINWEIS

Wenn Sie sich doch entschlossen haben, selbst zu schweißen, dann müssen Sie unbedingt auf richtigen Schutz Ihrer Augen achten. Verschiedene Schweißarten erforden unterschiedliche Schutzgläser. Verwenden Sie nur professionelle Schutzhelme – hier zählt nicht der Anschaffungspreis, sondern der Wirkungsgrad. Bei unzureichendem Schutz setzen Sie Ihr Augenlicht aufs Spiel.

- Schweißen Sie nie in der Nähe von brennbaren Flüssigkeiten
- Niemals tragende Teile schweißen – das kann nur der Fachmann
- Tragen Sie beim Schweißen schwer entflammbare Kleidung – niemals Kleidung mit Kunststofffasern tragen, das kann bei Funkenflug zu schweren Verbrennungen führen.
- Immer einen Feuerlöscher bereit halten
- Frische Schweißnähte nicht berühren – Verbrennungsgefahr!

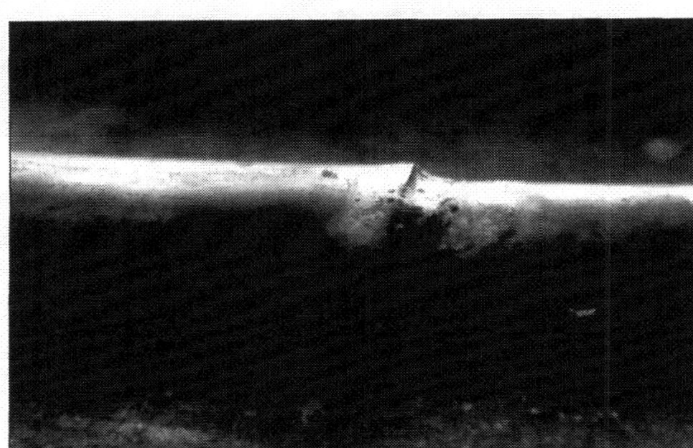

***Mustergültig:** So sieht eine saubere Hartlotverbindung aus*

Gut geschmiert

Motoren und Getriebe wollen gut geschmiert sein. Die Kolben, Zylinderlaufbahnen, die Lager der Kurbelwelle und andere metallische Reibflächen müssen ständig mit ausreichend Öl versorgt werden. Regelmäßige Kontrolle der Ölstände und bei Bedarf auch ein Ölwechsel erhöhen die Lebensdauer von Motor und Getriebe.

Das Motoröl

Öl vermindert Reibung und Verschleiß. Es dichtet die engen Räume zwischen Kolben, Kolbenringen und Zylinderwand so fein ab, dass der hohe Druck, der bei der Verbrennung entsteht, fast ohne Verluste auf die Kurbelwelle übertragen wird. Öl kühlt auch die Kolben in den Zylindern und die Lager von Kurbelwelle und Nockenwelle. Es schützt vor Korrosion und bindet Schmutzpartikel sowie Verbrennungsrückstände.

Wichtige Kenngröße für Motoröl ist die Viskosität, das Maß für die Fließfähigkeit. Im Winter muss ein Motoröl so dünnflüssig sein, dass es nach dem Kaltstart sofort alle Schmierstellen versorgt. Im Sommer dagegen ist dickflüssiges Öl gefragt, das auch bei hohen Temperaturen den Schmierfilm nicht abreißen lässt.

Heute schreiben Motorenhersteller so genannte Mehrbereichsöle vor. Sie bestehen aus Mineralöl und bis zu 20 Prozent Additiven. Additive verbessern den Viskositätsindex. Sie bestehen aus Molekülketten, die beim Erhitzen quellen und beim Abkühlen schrumpfen. So können sie mehrere Viskositätsklassen überspannen. Sie gewährleisten für den kalten wie für den heißen Motor die richtige Schmierfähigkeit. Mehrbereichsöl kann daher ganzjährig gefahren werden. Additive schützen auch das Öl vor Oxidation und verhindern das Aufschäumen bei hohen Drehzahlen.

Über die Eignung eines Öls entscheiden Spezifikation und Viskositäts-Klasse. Wenn Sie Öl nachfüllen, können Sie bei gleicher Spezifikation die Produkte verschiedener Hersteller mischen. Dann können jedoch die Eigenschaften des Öls beeinträchtigt werden. Die entstehenden Mischanteile können einen geringeren Grad der beabsichtigten Wirkung zeigen.

Der Motor verbraucht Öl, weil es teilweise in den Verbrennungsraum gelangt und dort verbrennt. Ein undichter Motor, defekte Ventilschaftabdichtungen, auch falsch eingebaute Kolbenringe oder zu viel Spiel zwischen Ventilführung und Ventilschaft treiben den Verbrauch in die Höhe.

Wenn der Motor technisch in Ordnung ist, verbraucht er allerdings so wenig, dass zwischen den einzelnen Ölwechselintervallen nichts oder nur eine geringe Menge nachgefüllt werden muss. Es ist aber immer angesagt, dass der Ölstand regelmäßig beobachtet und bei Bedarf nachgefüllt wird.

In der Einfahrzeit eines restaurierten Motors oder bei einem älteren Motor mit erhöhtem Ölverbrauch ist es sogar sinnvoll, den Ölstand ständig zu kontrollieren.

WISSENSWERTES

Ölsorten und Normen

Mit der Entdeckung der Polymere Ende der 1960er wurden damit die Mehrbereichsöle entwickelt. Diese Öle haben die Eigenschaft, dass sie bei unterschiedlichen Temperaturen ihre Viskosität nicht so stark ändern wie Einbereichsöle. Das ermöglicht es, im Sommer und im Winter das gleiche Öl zu benutzen und erleichtert das Starten des Motors bedeutend. Außerdem erfolgt bereits bei kaltem Motor eine schnellere Schmierung des Motors, so dass sich der durch Kaltstarts verursachte Verschleiß verringert.

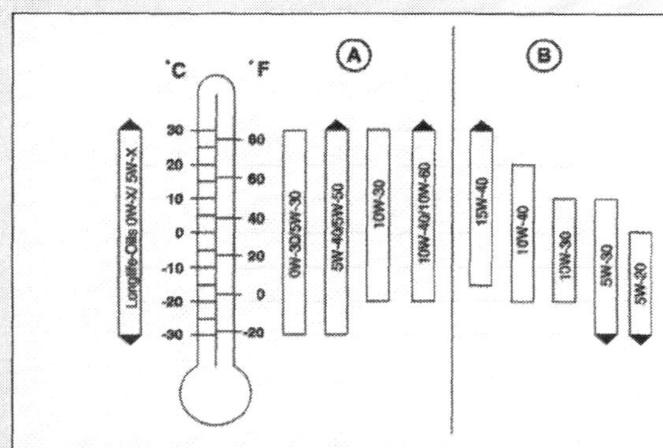

Die Viskositäten: Vollsynthetischee Öle decken heute fast alle Temperaturbereiche ab

Diese Vorteile sind so gravierend, dass die Einbereichsöle schnell völlig vom Markt verschwunden waren. Die Chemiker der Ölhersteller stellten auch fest, dass es synthetische Stoffe gibt, die genauso gut schmieren wie Mineralöle und einige andere vorteilhafte Eigenschaften haben. Diese Eigenschaften ließen sich auch exakter definieren als beim Naturprodukt Erdöl.

Dies war die Geburtsstunde der Synthetiköle, die inzwischen überragende Eigenschaften haben. Sie lassen sich für sehr große Viskositätsbereiche herstellen, haben eine gute Kältefließfähigkeit, neigen nicht zum verkoken und sind sehr druck- und temperaturstabil.

Druckstabil sind sie in zweierlei Hinsicht: zum einen bauen sie einen sehr tragfähigen Schmierfilm auf, der auch unter extremen Belastungen nicht abreißt, zum anderen wird die Struktur der Moleküle im Betrieb schwerer zerstört als beim Mineralöl. Für hochbelastete Motoren können teilweise nur noch synthetische Motorenöle verwendet werden.

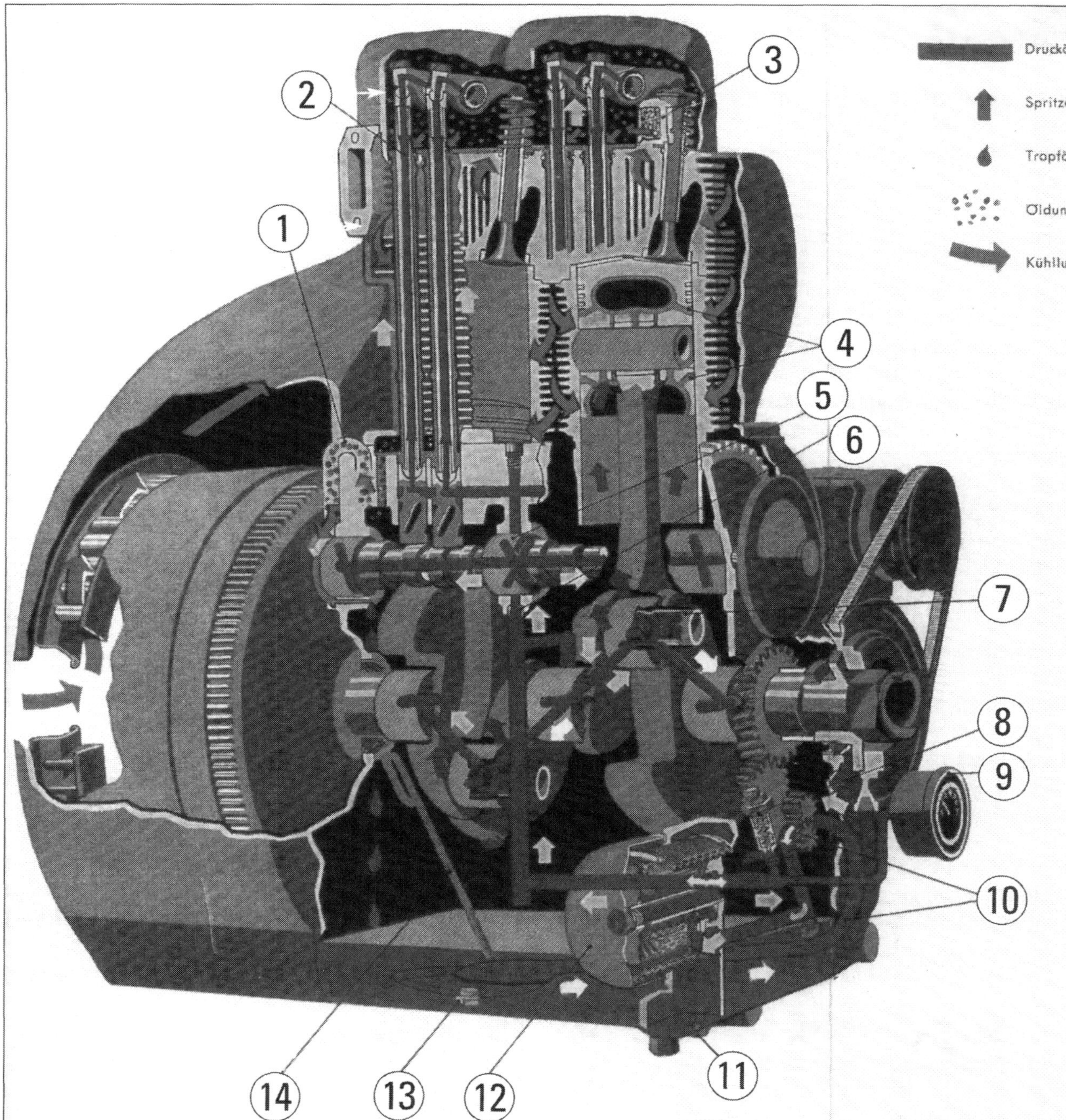

Der Schmierölkreislauf am Beispiel eines 2-Zylinder-Deutz-Motors F2L 712: *(1) Entlüftung, (2) Kipphebel- und Ventilschmierung, (3) Belüftungsstopfen, (4) Ölstreifringe, (5) Ölsteuerungslager für Stößel und Kipphebel, (6) Dosierstopfen, (7) Ölsteuerungsbüchse in der Kurbelwelle, (8) Öldruckregelventil, (9) Öldruckmesser/Ölschalter, (10) Zahnrad-Schmierölpumpe mit Ansaugleitung, (11) Ölablassschraube für Filterraum, (12) Schmierölfilterdeckel, (13) Ölablassschraube, (14) Ölmessstab*

Motoröl wechseln – Ölfilter reinigen/wechseln

Öl und Ölfilter wechseln

Beim Ölwechsel sollte immer der Ölfilter mit gewechselt werden oder, wie in unserem Fall, gründlich gereinigt werden.
Bevor Sie mit den Arbeiten beginnen, achten Sie bitte darauf, dass für alle Schrauben neue Dichtungen verfügbar sind. Ferner sollten alle abgebauten Teile und das gesamte Umfeld gründlich gereinigt werden.
Bei einer Sichtkontrolle des abgelassenen Altöls können Sie leicht eventuelle Schäden am Motor feststellen. Bei Wasser gekühlten Motoren z. B. sieht man ganz deutlich, wenn ein Fehler im Kühlsystem vorhanden ist.
Wenn Sie keine Herstellerangaben für die Füllmengen Ihres Traktors haben, füllen Sie neues Öl grundsätzlich mit einem Ölmessbecher ein. Prüfen Sie dabei ständig den Ölstand während des Füllvorgangs. Zu viel Öl kann dem Motor schaden.
Notieren Sie die Füllmenge – am Ende des Buches finden Sie dafür vorgesehene Vordrucke.

- Fahrzeug warm fahren
- Auffanggefäß unter das Fahrzeug stellen
- Mit einem Steckschlüssel die Ölablassschraube aufschrauben (Bild 1)
- Motoröl ablassen (Bild 2), vorschriftsmäßig auffangen und entsorgen
- Falls nötig, Ölschlamm entfernen
- Dichtring der Ölablassschraube unbedingt erneuern, Ablassschraube eindrehen, mit ca. 30 Nm an der Ölwanne festziehen
- Ölfilter ausbauen/abschrauben
- Ölfilter reinigen/austauschen
- Ölfilter einbauen – Grundsätzlich neue Dichtungen verwenden
- Mit Ölmessbecher neues Öl einfüllen
- Ölstand mit Peilstab prüfen
- Sichtkontrolle an allen Verschraubungen
- Motor anlassen und die Dichtheit des Systems bei laufendem Motor überprüfen

1

Ölablassschraube: *Der Rest des Feingewindes sollte von Hand ausgeschraubt werden*

2

Warm muss er sein: *Bei warm gefahrenem Motor läuft das verbrauchte Öl einwandfrei ab und nimmt Schlämme mit*

Schlückchenweise: *Füllen Sie das neue Öl grundsätzlich mit einm Ölmessbecher ein*

Kontrolle: *Kontrollieren Sie den Ölstand – darauf achten, dass die »Max«-Markierung nicht überschritten wird*

Neue Filter reinigen gut: *Diese Filter können nicht gereinigt und müssen somit erneuert werden*

Gut versteckt: *Der Deckel verbirgt den Schmierölfeinfilter und den Schmierölsiebfilter*

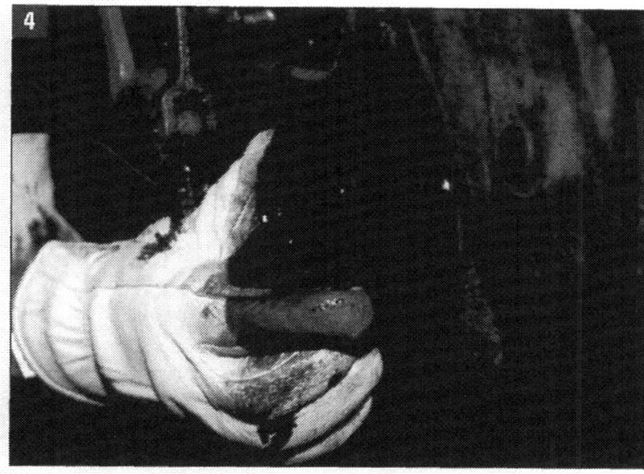

Schwarze Sache: *Beim Ausbau der Filter sind Arbeitshandschuhe angesagt*

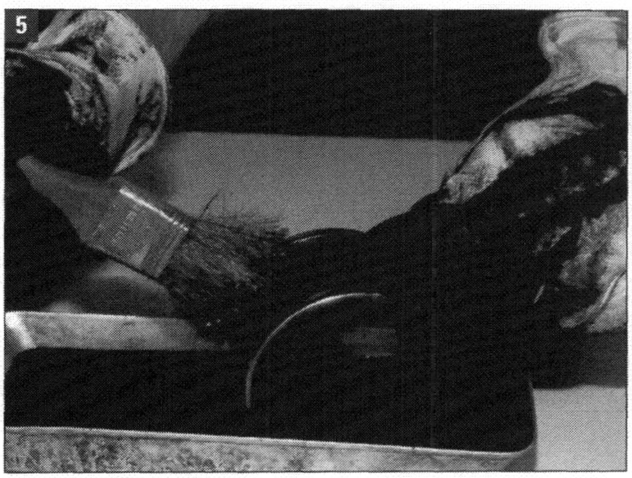

Grundreinigung: *Mit Reinigungspinsel und Dieselbad lässt sich der Filter problemlos reinigen*

Alt statt neu: *Sind keine Schäden am Filter festzustellen, kann der Filter wieder verwendet werden*

Grundsätzlich erneuern: *Kupferdichtungen müssen immer erneuert werden – links: neu, rechts: alt*

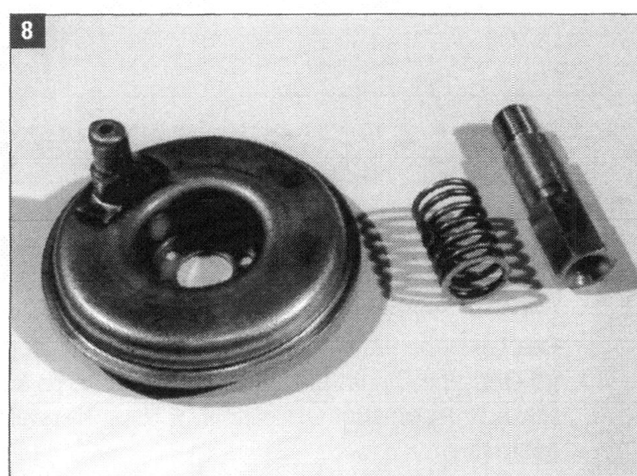

Vorbeugen ist besser: *Reinigen Sie bei einem Filterwechsel alle Teile im Umfeld*

1000 Stunden Sicherheit

Das Getriebe ist zuständig für den Antrieb des Fahrzeugs. Damit die vielen Zahnräder, die im Getriebe Dienst tun, richtig funktionieren können, brauchen sie ordentlich Schmierung. Ein turnusgemäßer Ölwechsel, je nach Hersteller sind das 1000 Betriebsstunden, ist daher anzuraten.

Das Getriebeöl

Getriebeöl ist anderen Beanspruchungen unterworfen als Motorenöl. Zwar soll es auch in erster Linie durch Bilden eines Schmierfilms die unmittelbare Reibung z. B. zwischen den Oberflächen der Zahnflanken oder den Wälzlagerelementen verhindern und außerdem kühlend wirken. Es muss aber wegen der großen Anpressdrücke der Zahnflächen eine besonders hohe Lasttrag- und Haftfähigkeit haben. Deswegen dürfen Getriebegehäuse niemals mit unlegiertem Schmier- oder Motorenöl gefüllt werden, sondern es sind die von der Mineralölindustrie hierzu besonders entwickelten hochviskosen Getriebeöle zu verwenden. Diese sind mit Zusätzen legiert, die den Pressverschleiß vermindern.

Im Gegensatz zu Motorenöl wird Getriebeöl kaum von Verbrennungsrückständen verunreinigt und chemisch angegriffen, so dass es sich im Betrieb nur langsam verschlechtert. Daher braucht es nur in größeren Zeitabständen erneuert werden. Die meisten Betriebsvorschriften sehen erst nach 1000 Betriebsstunden einen

WISSENSWERTES

Was ist Viskosität?

Viskosität ist das Maß für die Zähflüssigkeit eines Öls. Hohe Viskositäten bilden dicke Schmierfilme und schützen so Verzahnungen und Lager vor Verschleiß. Bei Handschaltgetrieben steigen die Schaltkräfte mit steigender Viskosität, der Schaltkomfort verschlechtert sich dadurch.
Beim Getriebeölwechsel an historischen Traktoren empfehlen wir ein Getriebeöl mit der Bezeichnung SAE 85/90 W.

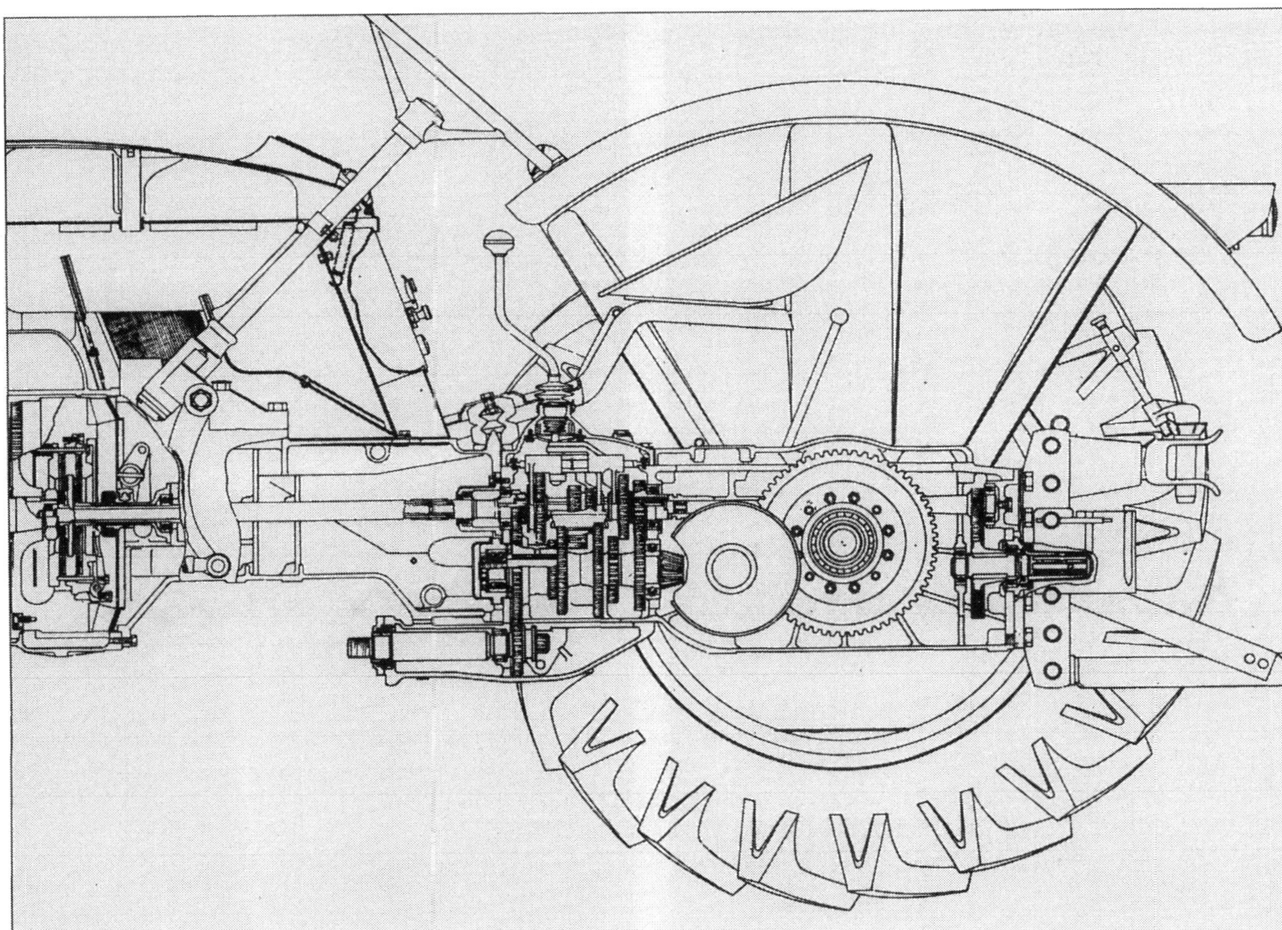

***Schematisch dargestellt:** BDer Kraftschluss vom Motor verläuft über Kupplung und Antriebswelle auf das Gruppengetriebe und weiter über Wechselgetriebe, Zwischenwelle und Ausgleichgetriebe auf die Antriebsräder*

Getriebeöl wechseln

Ölwechsel im Getriebe vor, der nur bei warmgelaufener Maschine erfolgen darf, damit der Metallabrieb besser herausgespült wird.
Wenn Sie einen »Scheunenfund« erworben haben, empfehlen wir grundsätzlich eine Wechsel des Öls, nur dann können Sie sicher sein, dass Ihr Getriebe einwandfrei geschmiert wird.
Füllen Sie bei der Neubefüllung nur so viel Öl ein, bis der richtige Ölstand erreicht ist. Dann sind einige Zahnräder etwa zu einem Drittel eingetaucht und das Getriebeöl kann problemlos an die Lager und andere Getrieberäder geschleudert werden. Mehr aufzufüllen ist unzweckmäßig, weil dann die Getrieberäder zu tief eintauchen und durch das Pantschen nur Wärme und Leistungsverluste entstehen.

- Fahrzeug warm fahren und auf ebenem Grund abstellen
- Ablassschraube am Getriebe mit einem leichten Hammerschlag gängig machen (1)
- Ölablassschraube am Getriebe herausschrauben (2/3) Achtung! Manche Getriebe haben zwei Ablassschrauben; in diesem Fall beide Schrauben öffnen
- Getriebeöl komplett ablassen (3)
- Getriebeöl-Ablassschrauben wieder einschrauben. Neue Dichtungen verwenden
- Neues Getriebeöl einfüllen (4)

Gewusst wie: *Mit einem leichten Schlag mit dem Hammer lösen sich Schrauben, die mit einer Kupferdichtung versehen sind, besser und lassen sich dadurch leicht herausschrauben*

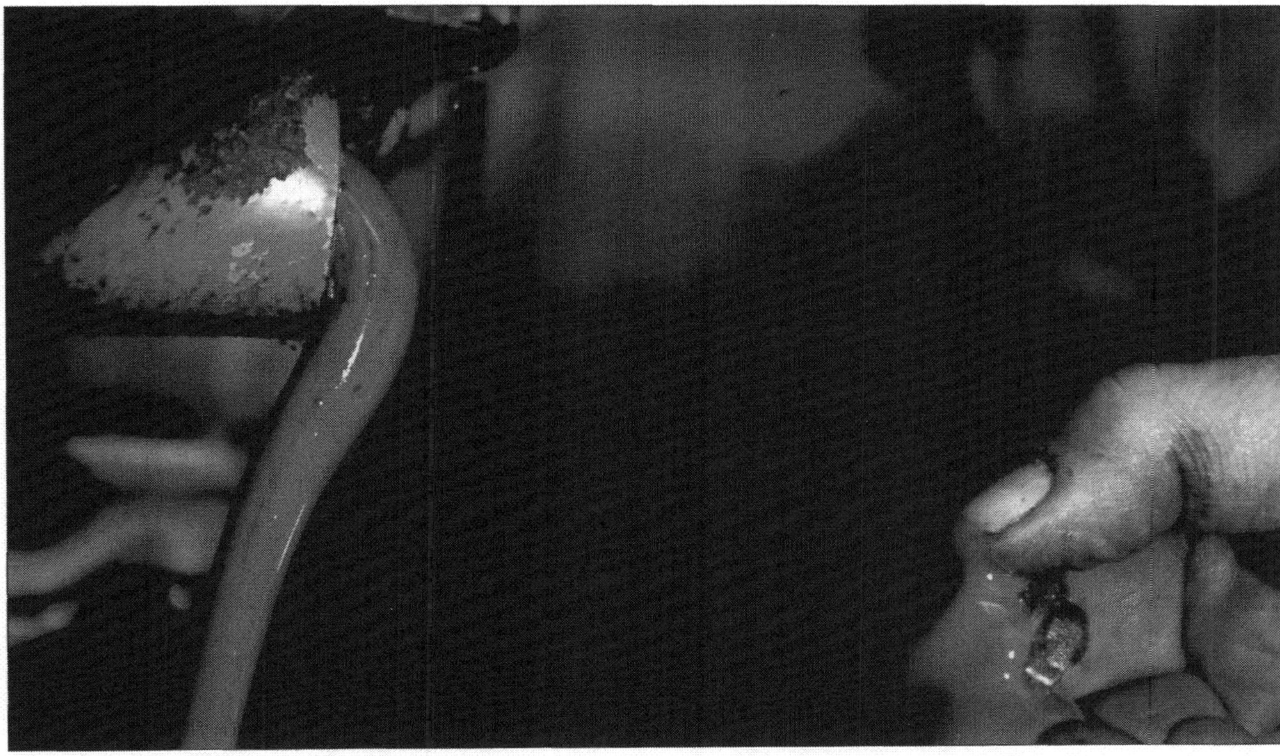

Eine zähe Brühe: *Als homogene Masse fließt das verbrauchte Getriebeöl aus dem Gehäuse*

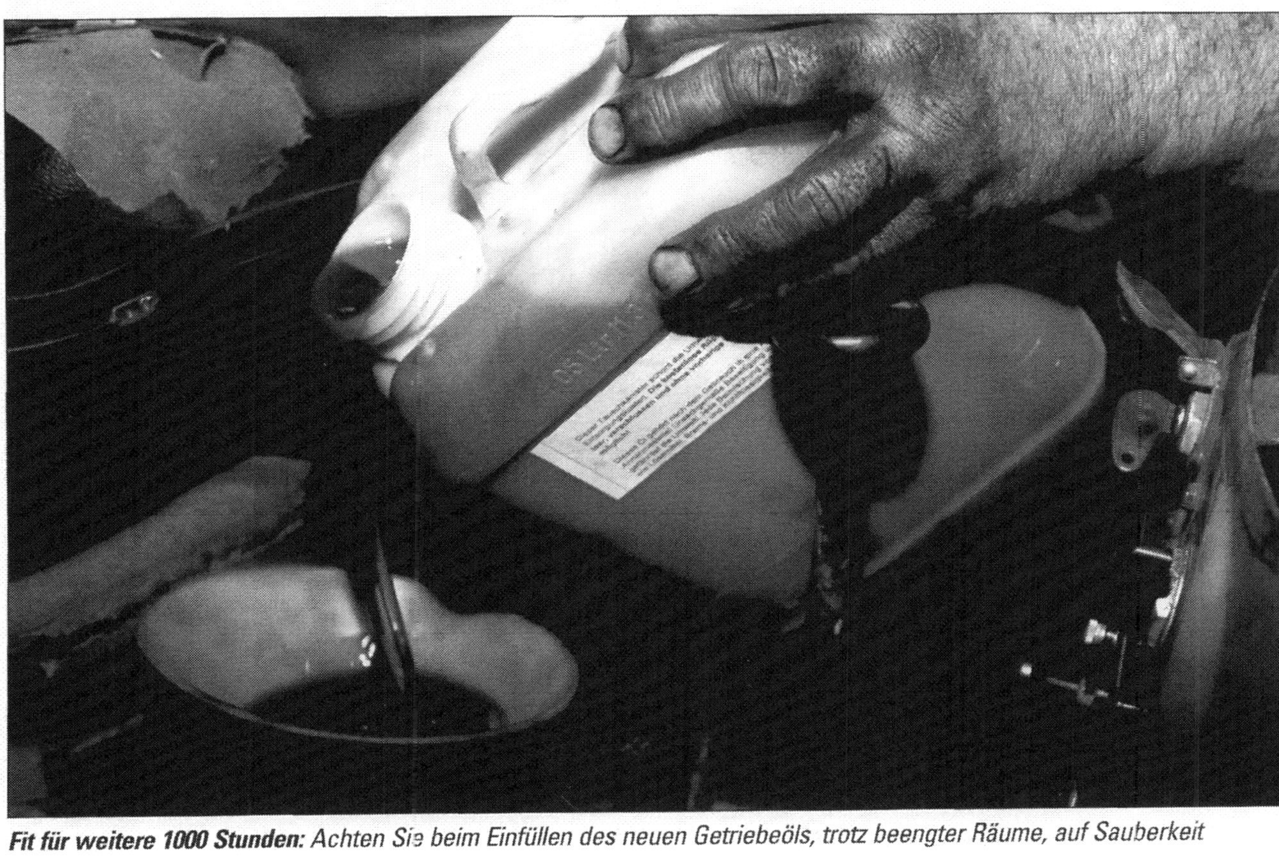

Fit für weitere 1000 Stunden: *Achten Sie beim Einfüllen des neuen Getriebeöls, trotz beengter Räume, auf Sauberkeit*

Luft oder Wasser

Es gibt zwei Kühlsysteme für unsere Traktormotoren. Ein Teil ist Luft gekühlt, andere haben eine Wasserkühlung. Beide Systeme erfordern in regelmäßigen Abständen eine Wartung, damit es dem Triebwerk bei der Arbeit nicht zu heiß wird und ihm auch der Winter nicht anhaben kann.

Die Motorkühlung

Die Motorkühlung hat die Aufgabe, die Betriebstemperatur eines Motors so zu regeln, dass sie schnell erreicht und möglichst an allen Stellen des Motors einigermaßen exakt eingehalten wird. Sie sollte nicht unter- und darf nicht überschritten werden. Zu hohe Betriebstemperatur gefährdet den Motor unmittelbar, zu geringe ist schädlich für das Abgasverhalten, den Kraftstoffverbrauch und die Lebensdauer des Motors. Etwa ein Drittel der in einem Verbrennungsmotor entstehenden Wärme wird in Bewegungsenergie umgewandelt. Etwa ein weiteres Drittel entweicht durch den Auspuff. Wegen zu hoher Beanspruchung der Materialien muss die Restwärme ebenfalls an die Umgebung abgeführt werden.

Die Wasserkühlung

Auch ein flüssigkeitsgekühlter Motor hat einen Luftkühlungsanteil. Alle am Traktor anfallende Wärme wird an die Umgebungsluft abgegeben. Kühlmittel und Öl sind also nur Zwischenstationen. Die auf diese Weise »verlorene« Wärme ist als »Energieverlust« zu betrachten. Je geringer dieser Verlust, desto geringer der Kraftstoffverbrauch.

Erster Wartungsschritt ist die Sichtprüfung. Dabei geht man am besten von evtl. vorhandenen Fehlern aus. Verliert das System Kühlmittel, so fährt man den Motor in jedem Fall vorher warm, damit Druck auf das System gelangt und man evtl. Schadstellen leichter erkennen kann.

Die normale Wartung beschäftigt sich als erstes mit dem Keilriemen. Ist er zu locker eingestellt, so kann die Kühlmittelpumpe zu wenig oder gar nichts mehr fördern. Auch darf das Material des Keil- oder Flachriemens nicht beschädigt sein. Die Riemenspannung darf auch nicht zu stark sein.

Mit einem Aräometer, kann Kühlmittel angesaugt und überprüft werden. Da sich die Dichte von Wasser und Additiv unterscheiden, kann auf dem Schwimmer die Frostschutztemperatur abgelesen werden.

Zusätzlich zur Wintertauglichkeit sind die von den Herstellern vorgeschriebenen Wechselfristen einzuhalten. Besonders wichtig ist, dass es verschiedene Flüssigkeiten gibt, die man nicht miteinander mischen darf.

Bei der Suche nach den Ursachen für einen ständig überhitzenden Motor bei ausreichendem Kühlmittelstand helfen schon alleine die menschlichen »Temperatursensoren« in den Händen. Ist der Motor kalt und läuft langsam warm, so muss der Kurzschlusskreislauf ebenfalls langsam warm werden und der Kühlerkreislauf deutlich kalt bleiben, sonst schließt der Thermostat nicht richtig.

Ist der Motor heiß und der Kühler bleibt kalt, so öffnet der Thermostat nicht. Irgendwann muss der Lüfter im Leerlauf des Motors anlaufen. Bitte bei diesem Test auf die Kühlmitteltemperatur achten. Nicht dass noch weitere Defekte hinzukommen.

Funktioniert das alles und der Motor wird trotzdem zu heiß, kann der Kühler verstopft oder von außen mit Verunreinigungen zugesetzt sein oder andere Komponenten der Kühlanlage können durch Verstopfungen verengt sein. Es kann an der Pumpenleistung liegen.

Luftige Angelegenheit: *Die Kühlrippen der Zylinder sorgen für ausreichend Kühlung*

Kühlmittelspeicher: *Neben der Kühlfunktion ist der Kühler auch der Wasserspeicher der Anlage*

Alle diese Prüfungen setzen einen gefüllten Kühler und ein durch langes Laufenlassen mit geöffnetem Deckel vollkommen entlüftetes Kühlsystem voraus. Schlimm wird es, wenn man schon zu lange mit einem überhitzten System gefahren ist.
Da der Zylinderkopf sich stärker ausdehnt als der Motorblock, kann die Zylinderkopfdichtung das Kühlmittel nicht mehr halten. Achtung, wenn zu viel davon in den Brennraum gelangt, kann das zu einem »Wasserschlag« führen und große Schäden verursachen.
Nur sehr selten hat man Glück und der Motor ist nach der Abkühlung wieder dicht. Meist muss der Zylinderkopf demontiert und auf seine Ebenheit untersucht werden. Wenige Zehntel Millimeter kann man durch Planen ausgleichen – größere Verformungen deuten auf einen Austausch hin.

Die Luftkühlung

Bei der Luftkühlung wird Umgebungsluft direkt über gerippte Oberflächen von Zylinderkopf und Block geleitet und zwar durch Staudruck und/oder ein Gebläse – eine Regulierung ist nicht notwendig.
Die Bedeutung der Luftkühlung ist heute sowohl bei Diesel- wie auch bei Ottomotoren stark rückläufig, da mit dieser Art der Kühlung Nachteile verbunden sind. So ist z. B. kein akustisch dämmender Flüssigkeitsmantel um den Motor, das heißt, die luftgekühlten Motoren sind deutlich lauter als ihre wassergekühlten »Kollegen«.
Im Wartungsfall dominieren aber die Vorteile deutlich. Die Lufkühlung braucht keine Kühlflüssigkeit mit Frostschutzmittel und der Kühler entfällt. Das Prinzip ist einfach und es entstehen auch keine undichten Stellen.

Der Temperaturregler: *Der Thermostat regelt den Fluss des Kühlmittels*

Funktionstest: *Mit einem Termometer und heißem Wasser kann die Funktion des Thermostats geprüft werden*

Ohne Barriere: *Damit sich warme Luft nicht unter der Haube stauen kann – Lüftungsgitter am Deutz*

Verschluss: *Nicht zu unterschätzen ist die Funktion des Kühlerdeckels – bei Überdruck kann hier Luft entweichen*

Überhitzung durch Wasserverlust

Wenn der Motor überhitzt, droht ein Schaden an der Zylinderkopfdichtung, irgendwann sogar ein kapitaler Motorschaden. In den meisten Fällen fehlt dem Motor Kühlwasser. Bevor Sie jedoch fehlendes Kühlwasser auffüllen, sollten Sie als erstes versuchen, die genaue Ursache der Überhitzung zu ergründen:

■ Wenn der Ventilator streikt, schauen Sie als erstes nach, ob die betreffende Sicherung noch in Ordnung ist. Brennt auch eine neue Sicherung sofort wieder durch, liegt ein größerer Schaden vor – entweder ein Kurzschluss oder der Elektromotor des Lüfters ist durchgebrannt.

■ Klemmt der Thermostat, können Sie diesen eventuell ausbauen und die Fahrt ohne fortsetzen. Allerdings sollten Sie so schnell wie möglich ein neues Teil einbauen.

■ Ist ein Kühlerschlauch nur leicht undicht, zum Beispiel durch einen Marderbiss, können Sie den Schlauch provisorisch mit festem Gewebeklebeband umwickeln. Der Schlauch muss dazu fettfrei, trocken und am besten kalt sein. Wickeln Sie ein paar Lagen um die schadhafte Stelle, das hält locker bis nach Hause.

■ Ist der Schlauch gerissen, geplatzt oder hat das Gummi ein größeres Loch, dann können Sie mit einem passenden Rohrstück und zwei Schlauchschellen die schadhafte Stelle überbrücken.

■ Schneiden Sie dazu den Schlauch durch und ersetzen Sie die schadhafte Stelle durch das Rohrstück. Ein Tipp zur Auswahl des Rohres: Der Außendurchmesser sollte ungefähr vier Millimeter dünner sein als der Außendurchmesser des Schlauches, da die Gummischläuche in der Regel rund 2 Millimeter Materialstärke haben.

■ Wenn Sie Kühlwasser auffüllen wollen, müssen Sie beim Öffnen des Kühlerdeckels extrem vorsichtig sein: Heißes oder sogar kochendes Kühlwasser steht unter Druck und sprudelt aus der Öffnung.

■ Füllen Sie in einen sehr heißen Motor das Wasser nur in kleinen Schlückchen und bei laufendem Motor ein. Das kalte Wasser kann sonst zu Spannungsrissen innerhalb des Motors führen.

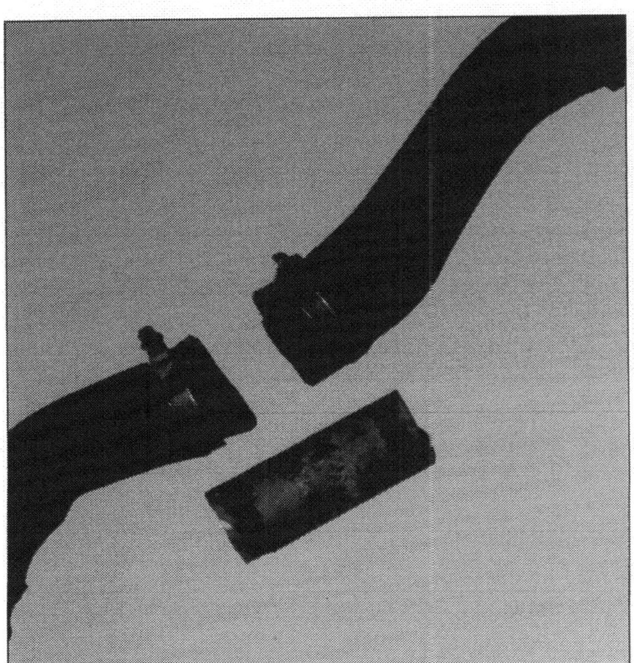

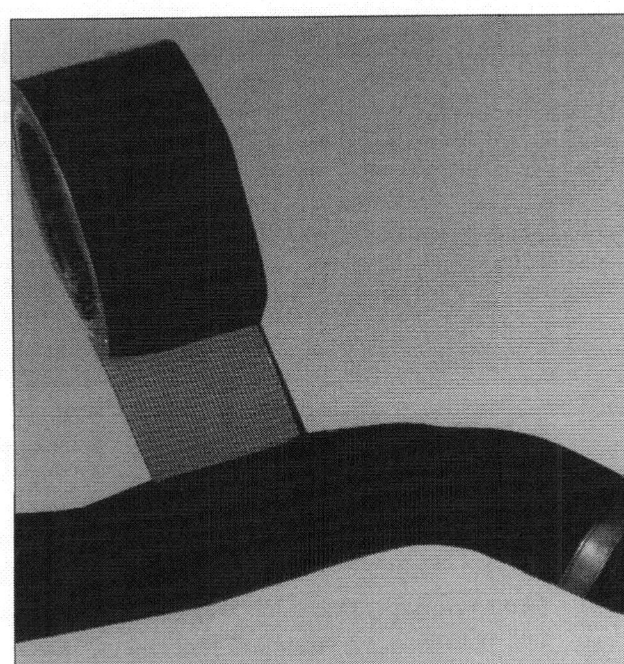

Zwei Möglichkeiten den Kühlerschlauch zu flicken: Ist der Schlauch stark beschädigt, wird einfach ein Stück Rohr eingesetzt. Bei kleinen Undichtigkeiten reicht es, den Schlauch mit Klebeband zu umwickeln

Wartungsarbeiten

Eine regelmäßige Wartung Ihres Traktors erhöht die Lebensdauer wesentlich. Überall da, wo sich etwas dreht, bewegt oder wo Flüssigkeiten im Einsatz sind, tritt Verschleiß auf. Mit geringem Arbeitsaufwand und der richtigen Anleitung kann ein teurer Austausch vermieden werden – packen Sie es an!

Warum eigentlich warten?

Wartungsarbeiten sind unumgänglich. Wir verstehen unter Wartungsarbeiten alle Arbeiten, die in bestimmten Intervallen anfallen und mit ihrer Durchführung zum Erhalt und zur Verkehrssicherheit Ihres Traktors beitragen.
Vorraussetzung für eine ordentliche Durchführung von Wartungsarbeiten sind natürlich ausreichend Kenntnisse über deren Intervalle, Motortypen, Anlagenteile und ein gerüttelt Maß an Materialkunde.
Wichtig ist auch die Dokumentation. Am Schluss des Buches haben wir für Sie Formulare angehängt, in die Sie Ihre persönlichen Intervalle eintragen können. Nutzen Sie diese Möglichkeit, vor allem wenn Sie keine Original-Bedienungsanleitung haben.
In neben stehendem Kasten finden Sie eine Checkliste, die über die anfallenden Kontrollen vor Antritt einer Schlepperfahrt informiert. Diese Überprüfung schreibt die Landwirtschaftliche Berufsgenossenschaft ihren Landwirten vor und sollte auch bei den Hobby-Schlepperfahrern Anklang finden.
Auf den folgenden Seiten geben wir Ihnen einen Überblick über die wichtigsten Wartungsarbeiten an einem Traktor.

WISSENSWERTES

Kontrolle ist notwendig

Vor Inbetriebnahme der Maschine sollte der Fahrer gemäß Betriebsanleitung folgende Kontrollen durchführen:

Kontrolle der Maschine

- Dichtheit: Blick unter die Maschine und Überprüfung auf Anzeichen für Undichtheit (Flecken am Boden, Ölspuren und dergleichen)
- Füllstände: Wasser im Kühler (Gefrierschutz), Motoröl, Kraftstoff
- Bereifung: Fester Sitz der Radmuttern, Luftdruck der Reifen, Profiltiefe, Beschädigungen von Reifen oder Felgen, Gleitschutzketten
- Schmierstellen und -nippel
- Gelenkwelle
- Beleuchtung, Hupe, Scheibenwischer
- Schutzeinrichtungen: Zapf- und Gelenkwellenschutz bzw. Antriebskettenschutz
- Schutzgitter

Kontrolle bei laufendem Motor

- Öldruck, Ladekontrolle
- Bremsanlage
- Fester Sitz der Unterlenker (Dreipunktaufhängung)
- Oberlenker fixiert

Originale: *In den seltensten Fällen stehen Bedienungshandbücher zur Verfügung. Nutzen Sie für Ihren Traktor die Vordrucke ab Seite 131 dieses Buches*

Ölspülluftfilter reinigen

Ölspülluftfilter

Ansaugluftfilter haben die Aufgabe, feste Verunreinigungen, die über die dem Motor zugeführte Verbrennungsluft aus der Umgebung angesaugt werden, zu reinigen. Dadurch werden Verschleiß und Störungen im Motor vermieden.
Beim Ölspülluftfilter erfolgt die Partikelabscheidung über ein Stahlgestrick. Ölbspülluftfilter sind reinigbar und benötigen bei der Wartung keine Austauschelemente. Die Reinigung sollte erst nach längerem Stillstand des Motors durchgeführt werden, damit alles Öl aus dem Filter in den Filtertopf abtropfen kann.

- Schelle am Ansaugrohr lösen
- Ansaugrohr abnehmen
- Zwei Clipse am Filtertopf öffnen und Filtertopf abnehmen
- Filtereinsatz herausnehmen, bei Verschmutzung mit Diesel durchspülen
- Filtertopf reinigen und mit frischen Motoröl bis zur Markierung auffüllen

1

Der Ölspülluftfilter: *Er reinigt die Ansaugluft des Motors und sorgt so für optimale Leistung*

Schmutzfänger: *Der Filtertopf nimmt die ausgefilterten Schmutzpartikel in seinem Ölbad auf*

Leicht zu reinigen: *Beim Ölspülluftfilter erfolgt die Partikelabscheidung über ein Stahlgestrick*

Frisches Öl für saubere Ansaugluft: *Nach gründlicher Reinigung bis zum Markierungsstrich mit Motoröl auffüllen*

Trockenluftfilter reinigen

Papierfilter

Filtereinsätze von Ansaugluftfiltern werden mit Zellulosebasierten Papieren hergestellt.
Zur Stabilisierung der Fasern im Verbund und der Falten nach dem Prägeprozess werden die Papiere mit einer Imprägnierung versehen.
Durch die Vermischung mit Kunststofffasern und Glasfasern zur Basis der Zellulosefasern wird die Stabilität der Filter verbessert. Dieser Umstand erhält die Filterfunktion auch unter nassen Umgebungsbedingungen.
Papierfilter können zur Not mit Pressluft ausgeblasen werden, sollten aber in regelmäßigen Abständen erneuert werden. Bei staubigen Arbeiten muss der Filter häufiger gereinigt, bzw. gewechselt werden.

- Filterdeckel abschrauben (1)
- Filterdeckel abnehmen (2)
- Verschraubung der Filterpatrone abschrauben (3)
- Filterpatrone herausnehmen (4)
- Befestigungsschraube des Feinfilter herausschrauben (5)
- Feinfilter herausnehmen
- Filtergehäuse gründlich reinigen
- Gereinigte Filter in umgekehrter Reihenfolge einbauen

1

Der Trockenluftfilter: *Einige Hersteller haben diese wartungsfreundlichen Trockenluftfilter verbaut*

Abschmieren

Geringfügig oder langsam bewegte Gelenke und Lagerstellen am Traktor müssen gemäß Schmierplan zu den vorgeschriebenen Zeiten abgeschmiert werden. Zu diesem Zweck sind sie mit Schmiernippeln (Kugel- oder Flachschmierköpfe) versehen, in die nach vorheriger gründlicher Säuberung mit einer Fettpresse neues Schmierfett so lange hinein gedrückt wird, bis altes Fett an offenen Stellen herausquillt, das frische Fett sichtbar wird und einen »Kragen« bildet. Dieser darf keinesfalls weggewischt werden, weil ein Schmierfettkragen während des Betriebes das Eindringen von Staub und Wasser verhindert.

Wenn kein Schmierplan vorhanden ist, können Sie sich am neben stehenden Beispiel orientieren. Hier sind alle relevanten Teile eingezeichnet. Zeichnen Sie »Ihre« Schmierstellen hier ein – bei größeren Intervallen geraten versteckte Schmierstellen leicht in Vergessenheit. Schmieren Sie alle Stellen regelmäßig ab und achten Sie darauf, dass kein Schmienippel vergessen wird.

- Schmiernippel gründlich reinigen
- Mundstück der Fettpresse aufsetzen und Fett einpressen

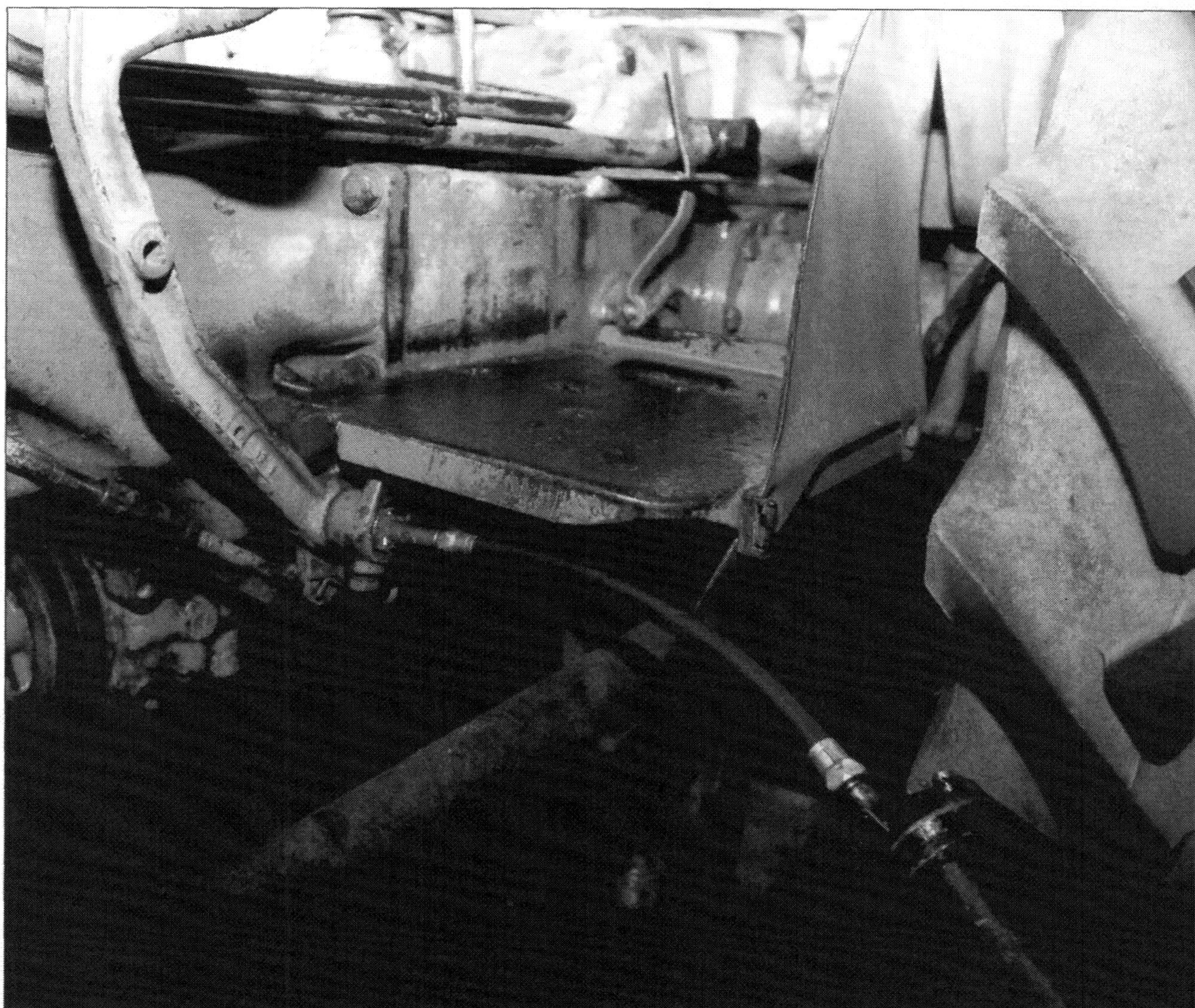

Muster-Schmierplan

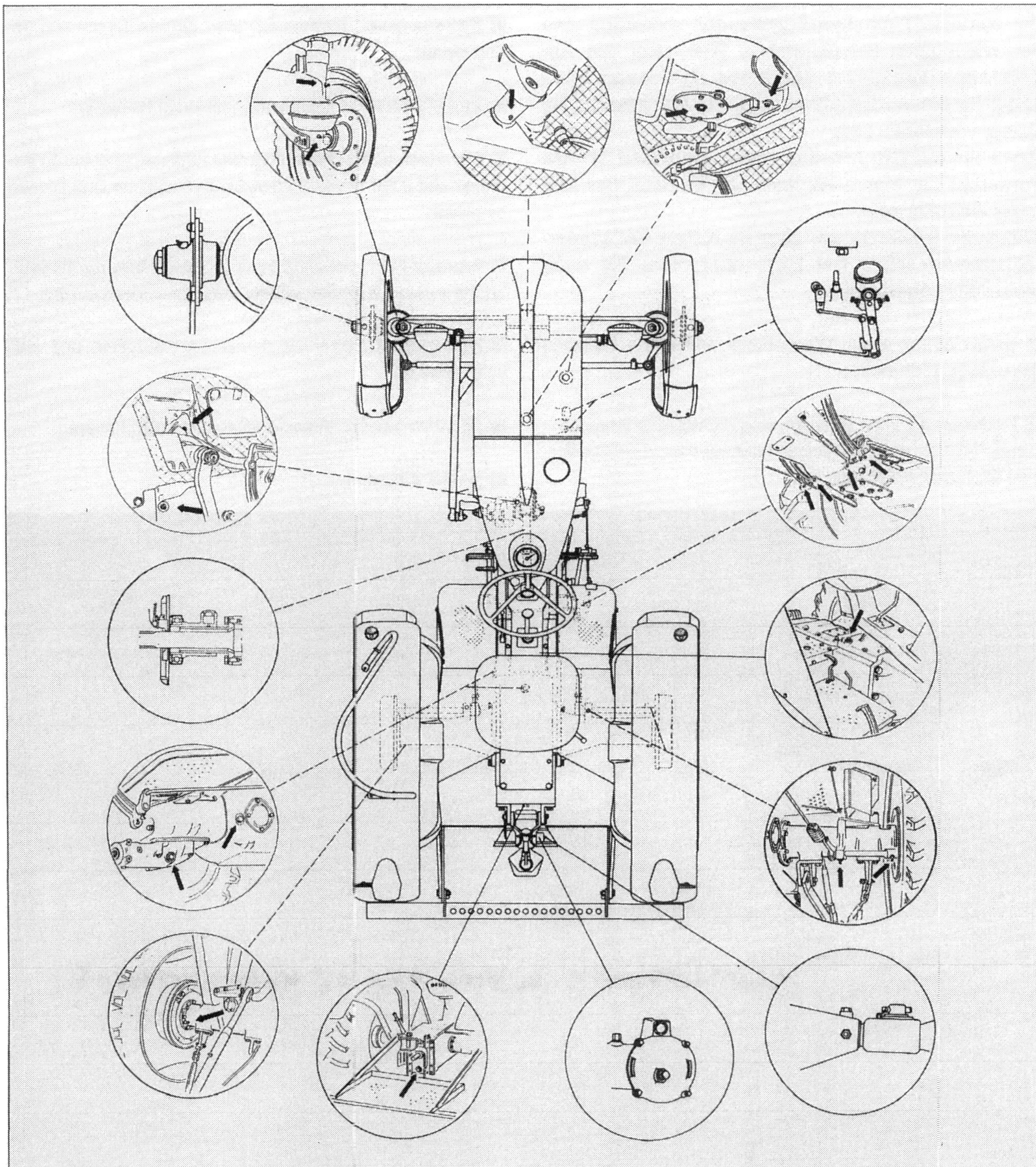

Glück gehabt?: *Wenn Sie die Bedienungsanleitung zu Ihrem Traktor haben, ist es einfach, das Gerät abzuschmieren – falls nicht, hilft nur die Suche. Mit Hilfe dieses Musterplans finden Sie die einzelnen Nippel aber sicher schneller*

Abschmieren der Vorderräder

Die vorderen Radnabenabdeckungen verbergen eine der wichtigsten Schmierstellen. Hier dient die Abdeckkappe (Fettkappe) gleichzeitig als Fettvorratsbehälter für die Vorderradlagerung. Ein Fettvorrat muss immer vorhanden sein.
Bevor Sie mit den Arbeiten beginnen, heben Sie das Vorderrad mit einem Wagenheber an, denn das Rad muss entlastet sein.
Wenn die Kronenmutter zum Einstellen der Vorderradlagerung schon frei liegt, überprüfen Sie auch gleich das Lagerspiel.

- Vorderrad mit einem Wagenheber anheben – Fahrzeug gegen Wegrollen sichern (1)

- Fettkappe mit einer Rohrzange vorsichtig aufschrauben – Zange nicht zu stark zudrücken, die Kappe kann sich verformen (2), Kappe abnehmen

- Sicherungsstift der Kronenmutter gerade biegen und herausziehen

- Kronenmutter mit Gabelschlüssel leicht festziehen

- Mit einem Schraubendreher das Radlagerspiel durch Bewegen der unter der Kronenmutter befindlichen Druckscheibe prüfen

- Kronenmutter vorsichtig nach rechts drehen, bis die Mutter mit einem neuen Stift wieder versplintet werden kann

- Fettkappe reichlich mit neuem Fett auffüllen und aufschrauben (4)

- Schmiernippel im entlasteten Zustand abschmieren

- Traktor ablassen

1

2

3

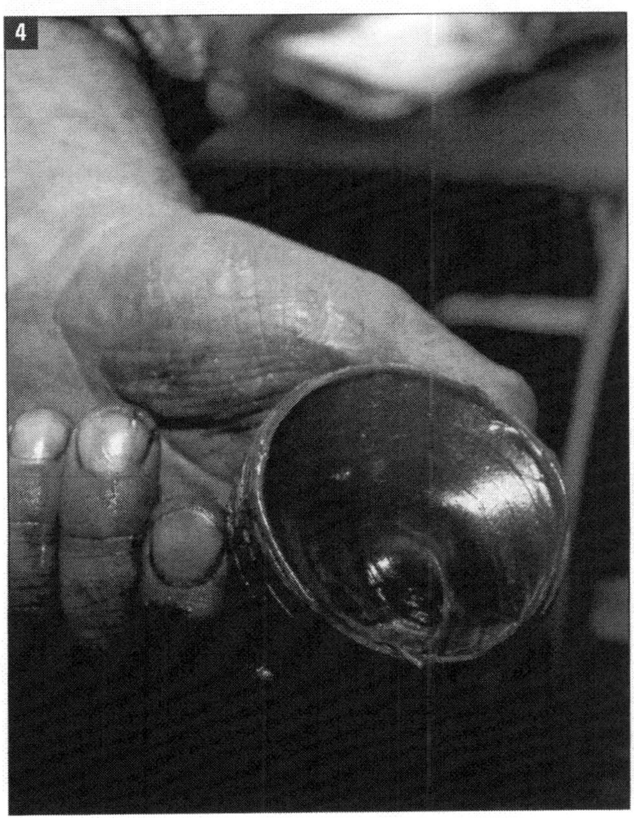
4

5

Dieselkraftstoffe

Fast alle in der Landwirtschaft eingesetzten Motoren sind Dieselmotoren. Entscheidenden Einfluss auf den Wirkungsgrad eines Dieselmotors hat die Zündwilligkeit des Kraftstoffs – sie wird als Cetanzahl (CaZ) ausgewiesen. Für Traktormotoren wird in der Regel eine Cetanzahl von 45–55 angegeben. Je näher die Zahl bei 55 liegt, dest leichter lässt sich der Motor starten. Kraftstoff mit niederer Cetanzahl führt zum »Nageln« des Motors.

Dieselkraftstoffe enthalten Paraffine, die für eine gute Verbrennung sorgen. Einziger Nachteil daran ist, dass das Paraffin bei Kälte ausflocken und Störungen verursachen kann.

Tankstellen bieten derzeit drei Dieselvariantenan:

Sommerdiesel, von Mitte April bis Ende August; er ist kältebeständig bis -5 °C.

Übergangsdiesel, von Mitte Oktober bis Mitte April; er ist kältebeständig bis -10 °C.

Winterdiesel, von Mitte Oktober bis Mitte März; er ist kältebeständig bis etwa -22 °C.

Sollten Ihre Kraftstoffleitungen trotz Winterkraftstoff einmal durch Paraffin verstopft sein, hilft nur »auftauen« in einem temperierten Raum.

Natürlich kann man durch Beimischung von verschiedenen Zusätzen das Kälteverhalten verbessern, jedoch ist der Erfolg eher mäßig. Wenn man bedenkt, dass eine Beimischung von Normalenzin (Superbenzin nicht beimischen!) im Verhältnis 2 : 1 die Kältebeständigkeit um ganze 5 °C verbessert, tankt man doch besser geeigneten Kraftstoff.

Wenn Sie doch mixen wollen – das Ganze sollte ausschließlich im Tank stattfinden –, dann müssen die leichten Zusätze zuerst in den Tank. Bei unsachgemäßer Beimischung können sogar Schäden am Motor auftreten.

Jahreszeitenabhängig: *Verzichten Sie auf Dieselzusätze – tanken Sie den richtigen Diesel zur richtigen Zeit*

Kraftstofffilter reinigen

Kraftstofffilter erfüllen am Dieselmotor die wichtige Aufgabe, den Kraftstoff zu reinigen, bevor er in die schmutzempfindliche Einspritzanlage gelangt. Bis auf die unterschiedlichen Filtereinsätze (Filzplattenringe, Filzrohr-, Papier- und Zellstoffscheiben), die nicht gegeneinander austauschbar sind, haben alle Kraftstofffilter etwa den gleichen Aufbau. Der oben zufließende Kraftstoff setzt schwere Schmutzteilchen und Wasser unten im Gehäuse oder Filtertopfboden als Schlamm ab, der durch Lösen der Ablassschraube unten seitlich am Filtergehäuse von Zeit zu Zeit abgelassen oder aus dem abgenommenen Filtertopf entfernt werden kann. Der Kraftstoff durchströmt den Filtereinsatz, der die feinen Verunreinigungen zurückhält, von außen nach innen und fließt dann aus dem Abflussstutzen zur Einspritzpumpe. Einige Traktormotoren haben zusätzlich noch einen Grobfilter, der entweder dem eigentlichen Kraftstofffilter vorgeschaltet ist oder mit diesem in einem gemeinsamen Stufenfilter kombiniert ist.

Oben auf dem Filtergehäuse befindet sich eine Schraube zum Entlüften des Filters. Das muss stets geschehen, wenn ein Kraftstofffilter gereinigt oder ein Einsatz gewechselt wurde. Ebenfalls entlüftend wirkt ein bei Pumpenförderung vorhandenes Überströmventil.

Mindestens alle 50 Betriebsstunden (oder entsprechend den Pflegeanweisungen der Hersteller) ist der Kraftstofffilter bei älteren Traktoren ohne Auseinandernehmen zu reinigen.

Nach Absperren des Zulaufs sind Anlass- und Einfüllschraube herauszunehmen (Dichtringe aufbewahren) und der Schlamm abzulassen. Durch die Einfüllöffnung werden einige Liter Kraftstoff oder Petroleum gegossen und dadurch der Filtereinsatz außen, wo sich ein Schmutzansatz gebildet hat, abgespült.

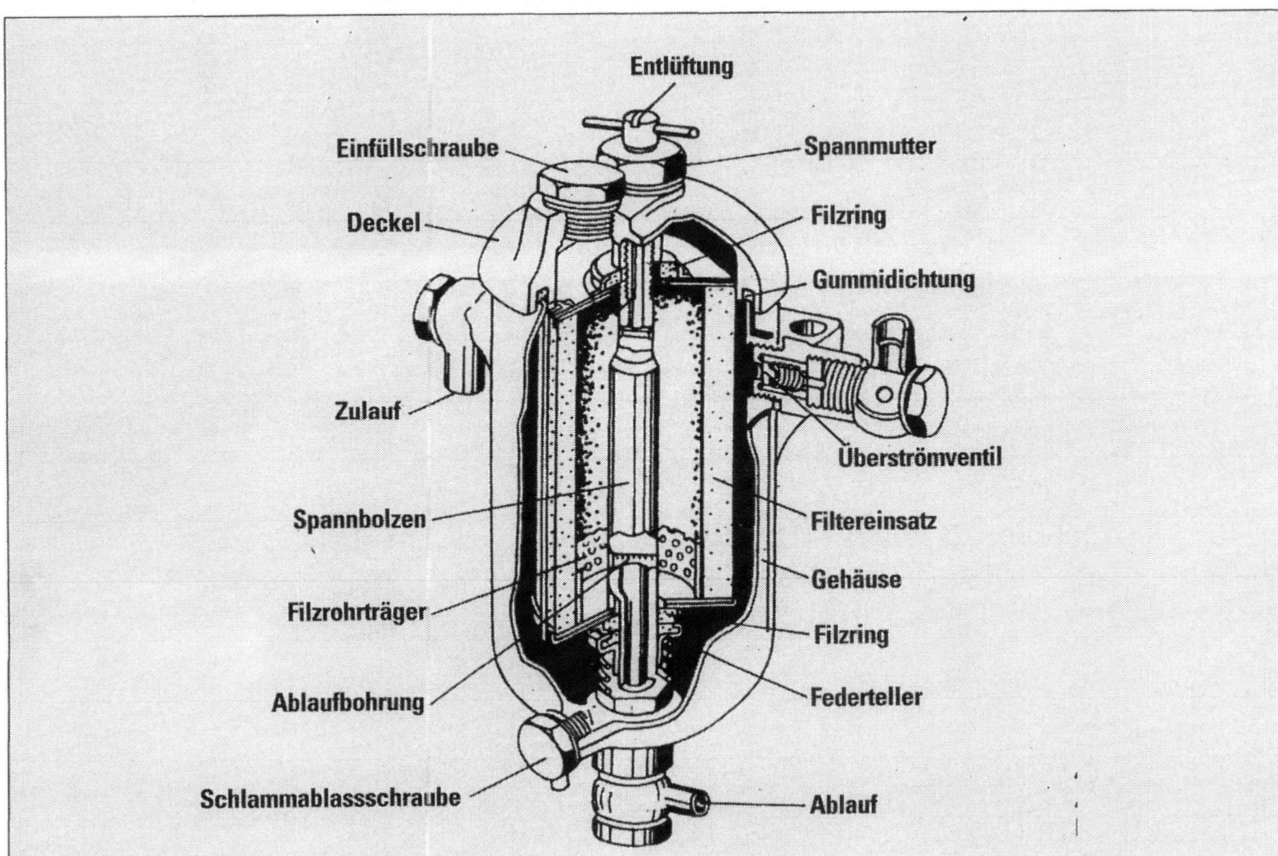

Für eine saubere Sache: *Schnitt durch ein Kraftstofffilter*

Kraftstofffilter reinigen

Nach Wiedereinsetzen und Festziehen der Ablassschraube wird das Filtergehäuse bis zum Überlaufen mit Diesel gefüllt, mit der Einfüllverschraubung verschlossen und durch die Knebelschraube entlüftet. Erst wenn sich ein Filtereinsatz außen völlig mit Schmutz zugesetzt hat und dieser durch Spülen nicht mehr beseitigt werden kann, ist er unwirksam geworden und muss nach Demontage des Kraftstofffilters ersetzt werden.

Anders wird beim Warten neuerer Kraftstofffilter mit 100 bis 400 Betriebsstunden Standzeit verfahren; deren Filzscheibeneinsatz wird nach Abnahme des Filtertopfes aus diesem herausgenommen und mit gefiltertem Diesel von innen nach außen intensiv durchgespült und anschließend möglichst von innen nach außen mit Pressluft durchgeblasen. Eine Papier-Filterpatrone im Feinfilterteil eines Stufenfilters wird nicht gereinigt, sondern weggeworfen und durch eine neue ersetzt.

Eigentlich sind alle gleicher Bauart: *Dieselkraftstofffilter müssen regelmäßig gereinigt werden*

Manche Systeme filtern den Kraftstoff mit einem Filzrohreinsatz im Tank. Der Einsatz sollte in regelmäßigen Abständen gereinigt werden.

- Nach Abnahme des Tankdeckels, Siebeinsatz herausnehmen

- Den oben an der Spindel befindlichen Hebel – er liegt unterhalb des Einfüllstutzenrandes – nach innen schwenken

- Mit dem Hebel die Spindel und somit das Filter nach unten drücken, bis die Spindel durch die obere Führung am Einfüllstutzen freigegeben wird

- Spindel zur Mitte neigen und Filter herausnehmen

- Filteröffnungen verschließen und im Dieselbad einweichen. Danach das Filzrohr mit einer weichen Metallbürste abbürsten. Nach mehrmaligem Abwaschen – Reinigungsflüssigkeit muss bei jedem Gang erneuert werden – den Filter mit Druckluft ausblasen

- Filter in Kraftstoffbehälter so einführen, dass es mit der unteren Führung auf dem Ventil aufliegt

- Spindel unter den Rand des Einfüllstutzens schwenken und fixieren

Kraftstoffanlage entlüften

Sie haben Ihren Tank komplett leer gefahren oder der Dieselkraftstoff ist in den Wintermonaten »versulzt«, dann muss die Kraftstoffanlage entlüftet werden, damit im System befindliche Luft entweichen kann und so die volle Leistung Ihres Motors gewährleistet ist. Anzeichen für Luft im Kraftstoffsystem sind: der Motor läuft unregelmäßig und springt schlecht oder gar nicht an.
Manche Cracks machen sich das ganz einfach, indem sie bei laufendem Motor die Schraubverbindung an der Dieselleitung öffnen, Luft und Diesel so lange austreten lassen, bis der Motor rund läuft. Das ist zwar auf die Schnelle eine praktikable Lösung, aber dauerhaft sollte die Anlage nach Vorschrift entlüftet werden. Außerdem funktioniert diese Variante nur, wenn der Tank höher liegt.
Entlüftet wird an der Einspritzpumpe, indem man die Leitung vor der Einspritzpumpe löst und so lange Kraftstoff durchfließen lässt, bis dieser blasenfrei ausströmt. Danach die Leitung wieder fest anziehen.
Der Kraftstofftank sollte für diese Arbeit ganz befüllt sein.

Verschiedene Systeme: *Oben: die Kolbenpumpe; unten: die Membranpumpe*

Ventile

Die Wärmeausdehnung der Ventile im Betrieb muss in geeigneter Weise ausgeglichen werden. Wenn der Ventilsitz schneller verschleißt als der Nocken und das Spiel zu Null wird, droht das Verbrennen des Ventilsitzes oder des Ventiltellers, da die heißen Verbrennungsgase an dem Ventil vorbeiströmen und es kaum noch Wärme an den Zylinderkopf ableiten kann. Zu großes Spiel bewirkt wiederum Leistungsverlust, starke Geräuschentwicklung und Verschleiß des Ventiltriebs.
Die Hersteller geben daher einen Bereich für das Ventilspiel an, im Bereich einiger Hundertstel- bis Zehntelmillimeter. Das Ventilspiel soll in regelmäßigen Zeitabständen kontrolliert und ggf. nachgestellt werden.
Je nach Bauart werden sie auf unterschiedliche Weise eingestellt: Bei Kipphebeln befindet sich in den Hebeln häufig eine gekonterte Schraube, an der die Einstellung vorgenommen werden kann. Bei anderen Konstruktionen wird der Drehpunkt der Hebel verstellt. Tassenstößel haben gehärtete Einlegeplättchen, die in verschiedener Dicke erhältlich sind und zwischen Nockenwelle und Stößel platziert werden.

Einlassventil

Das Einlassventil gibt den Querschnitt des Ansaugkanals im Zylinderkopf zum Brennraum hin frei. Damit kann Luft bzw. Gemisch in den Brennraum strömen. Die vergleichsweise zum Abgas geringe Temperatur der Luft bzw. des Gemisches führt dazu, dass das Einlassventil thermisch geringer belastet ist als das Auslassventil.

Auslassventil

Das Auslassventil gibt nach dem Ende des Expansionstaktes die Auslasskanäle zum Ausschieben der verbrannten Gase frei. Sie sind hohen Temperaturen und korrosiven Einflüssen der Abgase ausgesetzt.

Gasfabrik: *Ventile sollten nach Herstellerangaben in regelmäßigen Abständen justiert werden*

Ventile einstellen

Um die volle Leistung Ihres Traktormotor ausnützen zu können, muss das Ventilspiel von Ein- und Auslassventilen regelmäßig geprüft, bzw. eingestellt werden.

- Feststellbremse anziehen
- Leerlauf einlegen
- Kurbelwelle mit einem Steckschlüssel am vorderen Kurbelwellenende so lange drehen, bis die zum 1. Zylinder gehörenden Vetile anliegen.
- Ventildeckel kennzeichnen und abschrauben. Danach gründlich reinigen – alle Reste der alten Dichtung entfernen (1)
- Ventilspiel zwischen Kipphebel und Ein-/Auslassventil mit Fühlerlehre (Richtwert 1,5 mm) überprüfen (2)
- Zum Nachstellen, Gegenmutter um 1–2 Umdrehungen lösen
- Einstellschraube mit einem Schraubendreher so einstellen, dass sich die Fühlerlehre ohne Widerstand aus dem Spalt herausziehen lässt (3)
- Gegenmutter anziehen, dabei Lehre im Spalt belassen
- Lehre herausziehen
- Kurbelwelle weiterdrehen und bei allen Zylindern so verfahren
- Ventildeckel aufschrauben, dabei neue Dichtungen verwenden. Die neuen Dichtungen verkleben – auf richtige Position achten, Dichtungen haben zwei verschiedene Seiten (4)

1

2

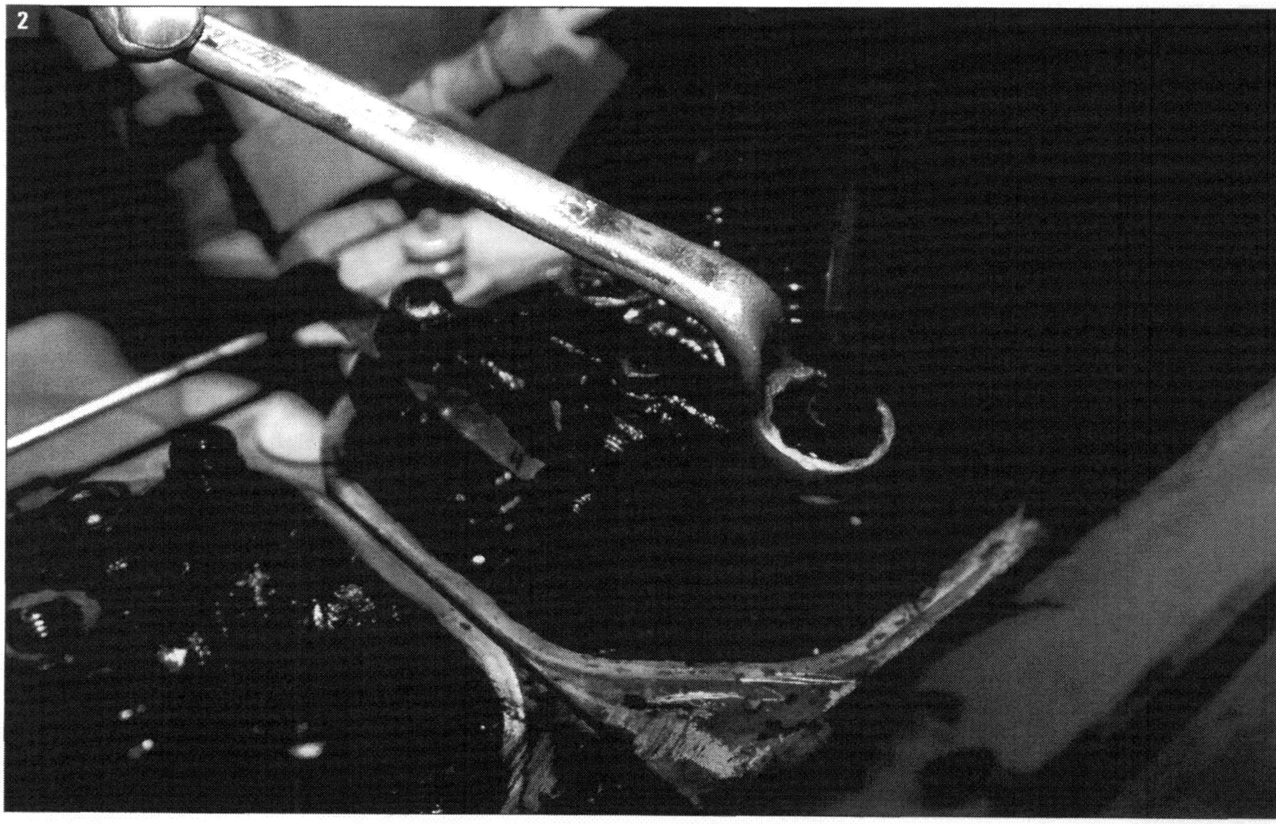

3

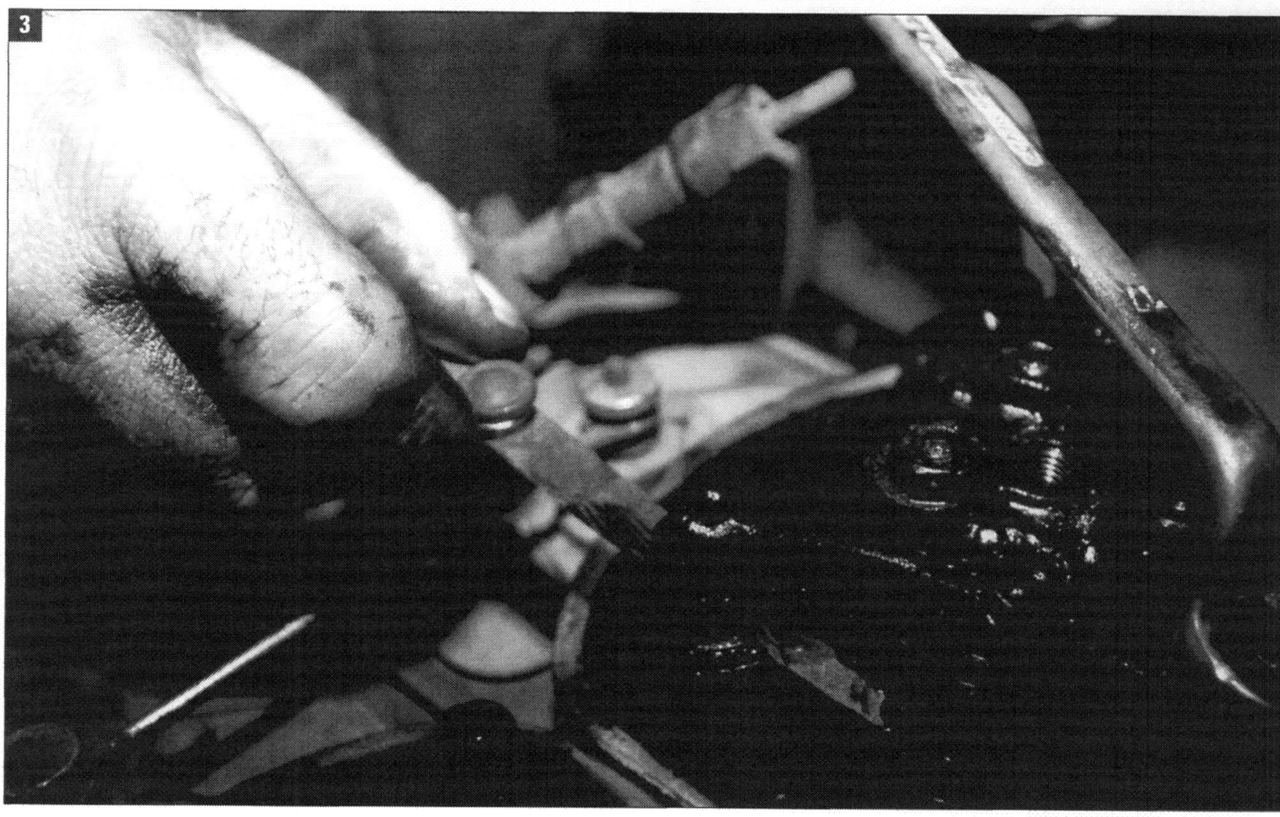

3

4

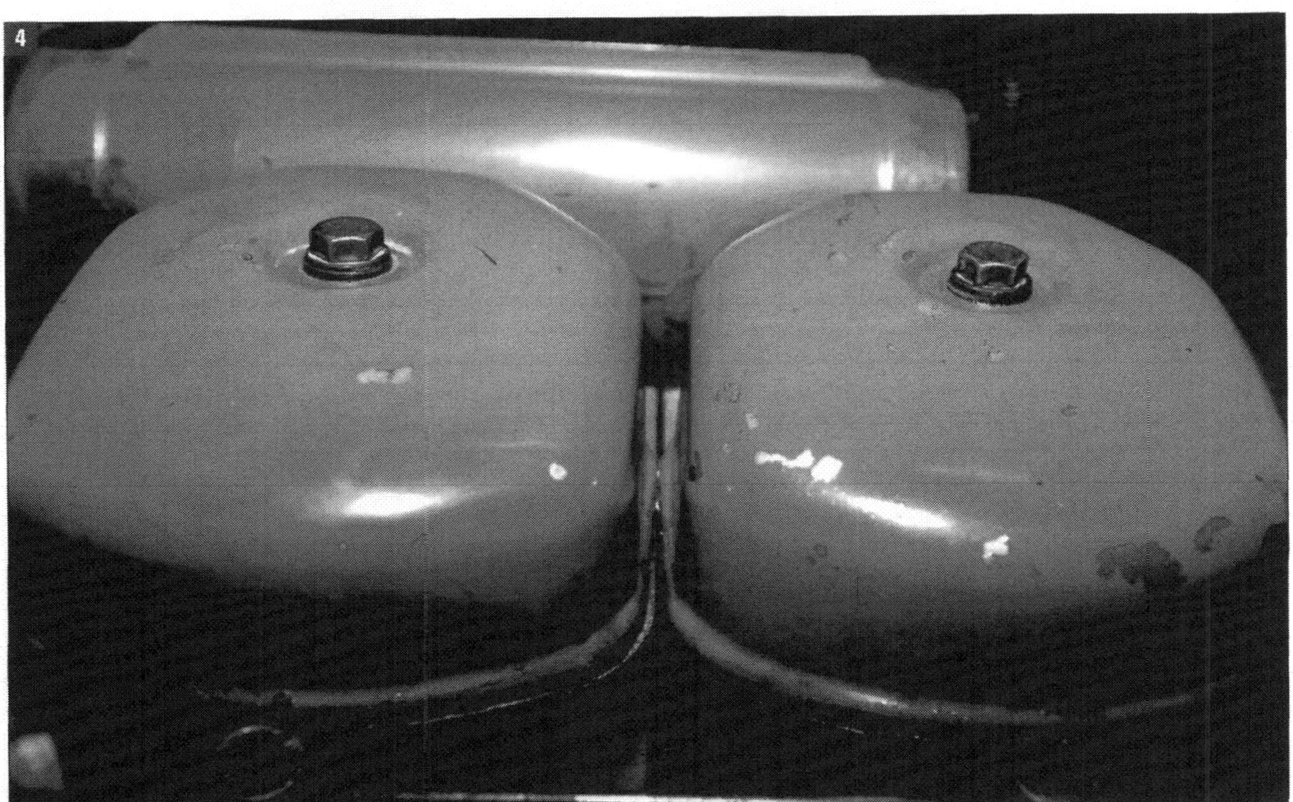

STÖRUNGSBEISTAND

Motor

Störung	Was kann das sein?	Was muss ich tun?
A Motor springt nicht oder schlecht an, arbeitet unregelmäßig.	**1** Kraftstoffbehälter leer, Kraftstoffleitungen undicht oder verschmutzt.	Behälter auffüllen, Leitungen überprüfen. Kraftstoff reinigen.
B Motor bleibt stehen oder hat mangelhafte Leistung.	**1** Kraftstoffzufuhr unterbrochen.	Leitungen überprüfen, Filter reinigen.
	2 Luft in der Einspritzanlage.	Einspritzpumpe und Leitungen entlüften bzw. Kraftstofffilter reinigen.
a wegen Kraftstoffmangel	**1** Drehzahlverstellhebel steht auf Leerlauf bzw. Abstellhebel steht auf H = Halt.	Auf Volllast bzw. Betrieb stellen.
b wegen Kraftstoffmangel oder schlechtem Einspritzen	**1** Regelstange in der Einspritzpumpe verklemmt.	Gängigkeit überprüfen.
	2 Einspritzdüse bleibt hängen oder ist defekt.	Reinigen bzw. instand setzen (lassen).
c wegen mangelhafter Verdichtung	**1** Spiel zwischen Einlass- und Auslassventil und Kipphebel zu gering.	Spiel bei kaltem Motor auf 0,1–0,15 mm einstellen.
	2 Ein- und Auslassventile hängen oder sind undicht.	Ventile gängig machen.
	3 Undichtigkeit im Zylinderkopf.	Abdichtung des Zylinderkopfes und der Einspritzventile prüfen bzw. erneuern.
d wegen fehlerhaftem Einspritzen	**1** Förderbeginn an der Einspritzpumpe hat sich verstellt.	Neu einstellen (lassen).
e wegen Versagen der elektrischen Anlage	**1** Schaltkastenschlüssel nicht tief genug eingesteckt.	Ladekontrollleuchte muss aufleuchten. Schlüssel tiefer einstecken.
	2 Vorglühschalter nicht richtig betätigt oder defekt.	Aufleuchten des Glühüberwachers beobachten, überprüfen bzw. instand setzen.
	3 Vorglühanlage arbeitet nicht.	Überprüfen bzw. instand setzen.
	4 Glühspirale zum Glühüberwacher oder Glühkerze durchgebrannt.	Erneuern.
	5 Stromzuführung unterbrochen.	Überprüfen.
	6 Batterieklemmen haben keinen richtigen Kontakt.	Aufladen, Kabelanschlüsse überprüfen. Reinigen und prüfen.

Motor

Störung	Was kann das sein?	Was muss ich tun?
C Auspuff blau oder grau bis schwarz.	**1** Schmierölstand zu hoch.	Öl ablassen.
	2 Einspritzdüse zerstäubt nicht bzw. ist undicht.	Reinigen bzw. instand setzen (lassen).
	3 Förderbeginn zu spät eingestellt.	Richtig einstellen.
	4 Motor hat mangelhafte Verdichtung.	Ventilspiel überprüfen bzw. neu einstellen.
	5 Maximale Füllung der Einspritzpumpe verstellt.	Richtig einstellen lassen.
	6 Kolben- oder Ölabstreifringe sind festgebrannt.	Kolbenringe frei machen, evtl. durch neue ersetzen, Kolben überprüfen.
D Motor wird heiß	**1** Kühlsystem stark verschmutzt.	Reinigen.
	2 Förderbeginn zu spät eingestellt.	Richtigstellen lassen.
	3 Einspritzdüse defekt.	Ersetzen.
	4 Maximale Füllung der Einspritzpumpe zu groß.	Richtigstellen lassen.
E Motor hat ungenügenden Öldruck.	**1** Schmierölfilter verschmutzt.	Reinigen.
	2 Undichtigkeiten im Schmierölkreislauf.	Ölansaugleitung, Anschlüsse, Dichtungen, Schmierölfilter, Druckregelventil und Öldruckpumpe auf Dichtigkeit prüfen.
	3 Kurbelwellenlager defekt.	Motor sofort abstellen und instand setzen lassen.
F Grüne Kontrollleuchte erlischt nicht oder leuchtet nicht auf.	**1** Öldruckschalter defekt.	Erneuern.
	2 Schaden an elektrischer Leitung.	Schaden beseitigen.
	3 Ungenügender Öldruck.	Mit zuverlässigem Öldruckmesser prüfen, sonst wie vor.

Mechanische Kupplung

Ohne Kupplung geht gar nichts: Diese überträgt das Motor-Drehmoment auf das Getriebe. Von dort wird es an die Antriebsräder weitergeleitet. Der Kraftschluss allerdings, das Einkuppeln, muss weich erfolgen, so dass keine der beiden Komponenten zum Stillstand kommt. Die Kupplung selbst ist eine trickreiche Konstruktion, bei der Federn, Ausrücklager und Kupplungsscheiben die tragende Rolle spielen. Doch nur bei exaktem Kupplungsspiel trennt die Kupplung vollständig beziehungsweise sorgt für einen optimalen Kraftschluss. Daher muss das Kupplungsspiel regelmäßig kontrolliert und ggfs. nachgestellt werden.
Als Kupplungsspiel bezeichnet man den Abstand zwischen Ausrücklager und Ausrückring bzw. Kupplungshebel; es beträgt je nach Ausführung zwei bis vier Millimeter. Davon zu unterscheiden ist allerdings der Gesamtpedalweg. Der wiederum errechnet sich aus dem Maß des Kupplungsspieles am Pedal und dem Ausrückweg der Kupplung.
Bei zu geringem Spiel am Ausrücklager trennt die Kupplung nicht mehr vollständig, ist das Spiel zu groß, wird mit ziemlicher Sicherheit der Kupplungshebel an der Kupplung brechen.
Zu geringes Spiel ist normalerweise das Resultat verschlissener Reibbeläge, der Kupplungsscheiben, die den Kraftschluss herstellen. Ist an der Kupplungsscheibe überhaupt kein Kupplungsspiel mehr vorhanden, läuft das Ausrücklager ständig mit: Die Kupplung schließt nicht mehr vollständig und rutscht unter Last dann durch. Fatale Folge dieser Rutschpartie: Die Kupplung erhitzt, was im Endeffekt zu einem Totalausfall führen kann.
Zu viel Spiel ist auch nicht gut, ist aber unvermeidlich, wenn Grafitring, Lager oder Bolzen im Kupplungsgestänge ausgeschlagen sind. In dem Fall sind Schaltschwierigkeiten und übermäßiger Verschleiß der Kupplungsscheibe zu erwarten.
Sollte das Spiel nicht mehr justiert werden können, muss der Grafitring erneuert werden und die Gestängeverbindung erneuert beziehungsweise neu (also spielfrei) gelagert werden.
Übrigens kann mangelndes Kupplungsspiel auch eine Folge der Abnutzung an der Mitnehmerscheibe sein. An der Fußauflage gemessen, sollte das Spiel – so der Richtwert – 20–30 mm betragen. Die Einstellung erfolgt durch ein Spannschloss mit Rechts- und Linksgewinde am Gestänge.

Für jeden etwas: *Kupplungshersteller halten ein reichhaltiges Sortiment verschiedenster Kupplungen lieferbar*

Kupplung einstellen

■ Kupplungspiel am Betätigungshebel messen. Dazu mit einem Meterstab das Pedalspiel feststellen

■ Schraube am Gestänge lösen, datzu Einstellschraube mit einem Schraubenschlüssel gegenhalten

■ Einstellschraube so lange verdrehen, bis der Pedalweg zwischen 2–4 mm (Richtwert, genaues Pedalspiel ggfs. aus der Bedienungsanleitung entnehmen) liegt

■ Kontermutter an der Einstellschraube kräftig anziehen

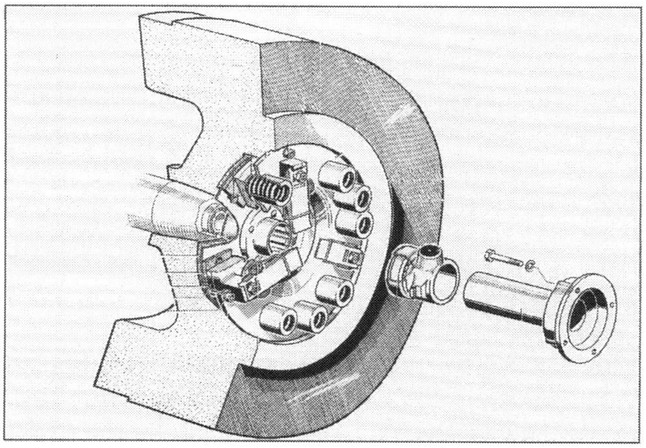

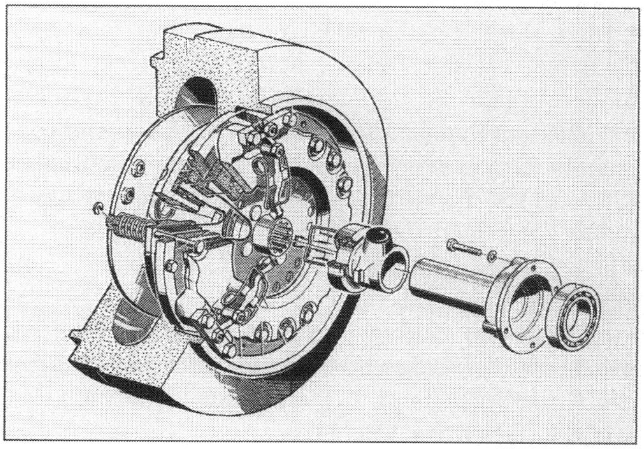

Zwei Kupplungen im Schnitt: *Links die Einscheibenkupplung, rechts die Doppelkupplung*

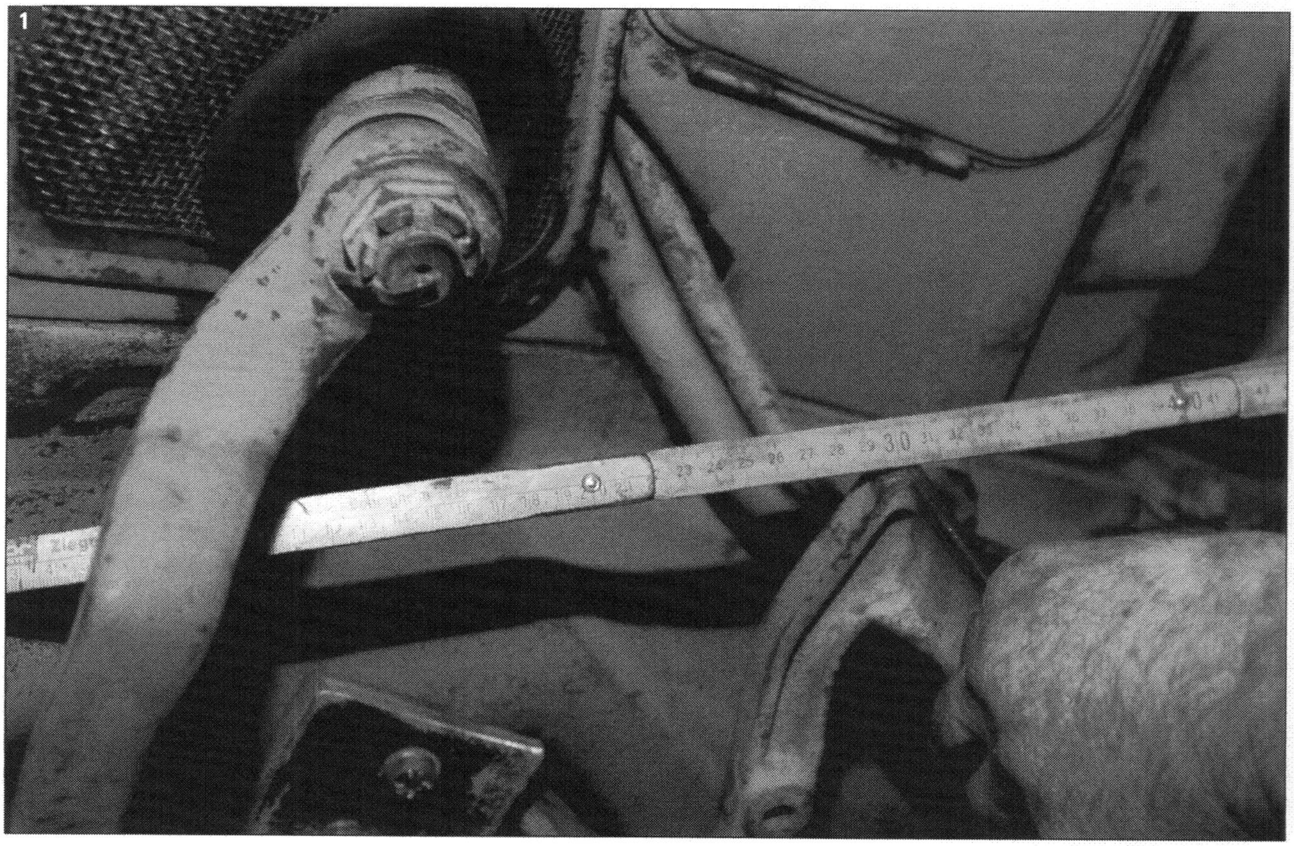

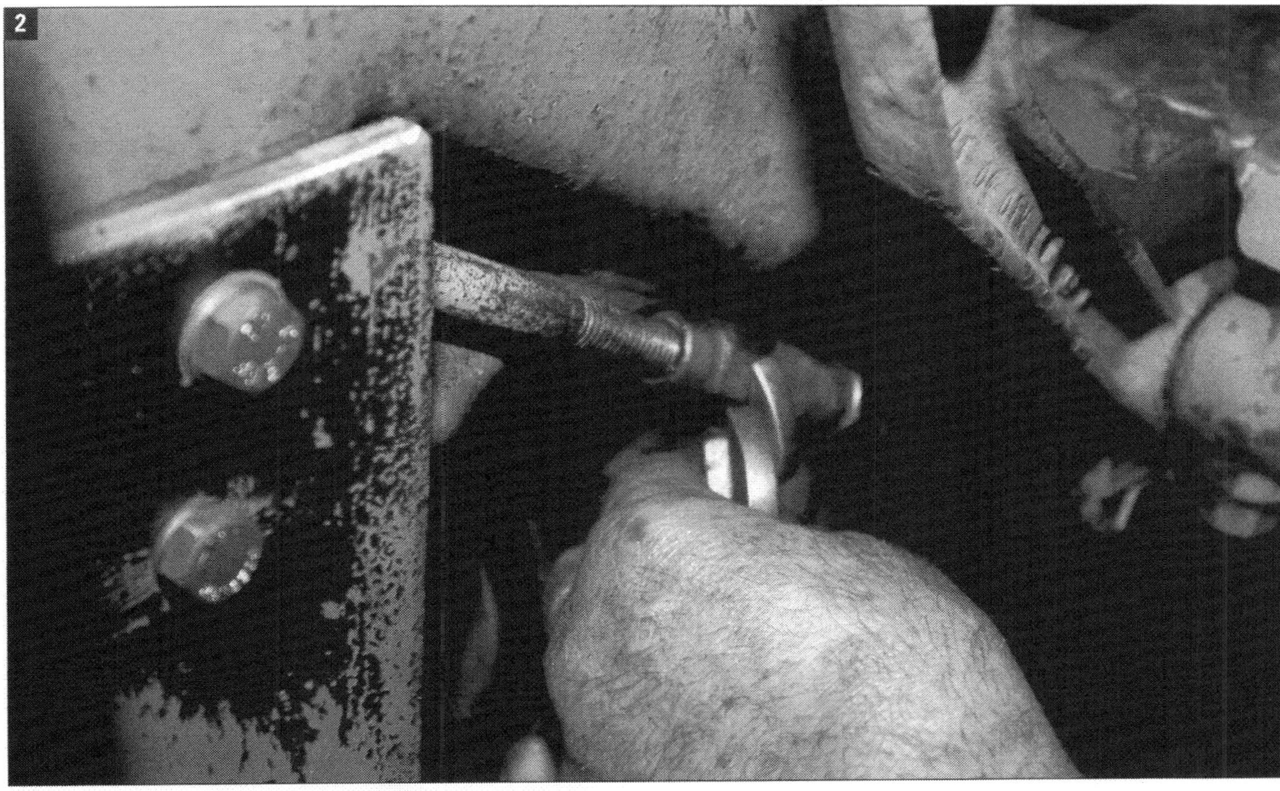
2

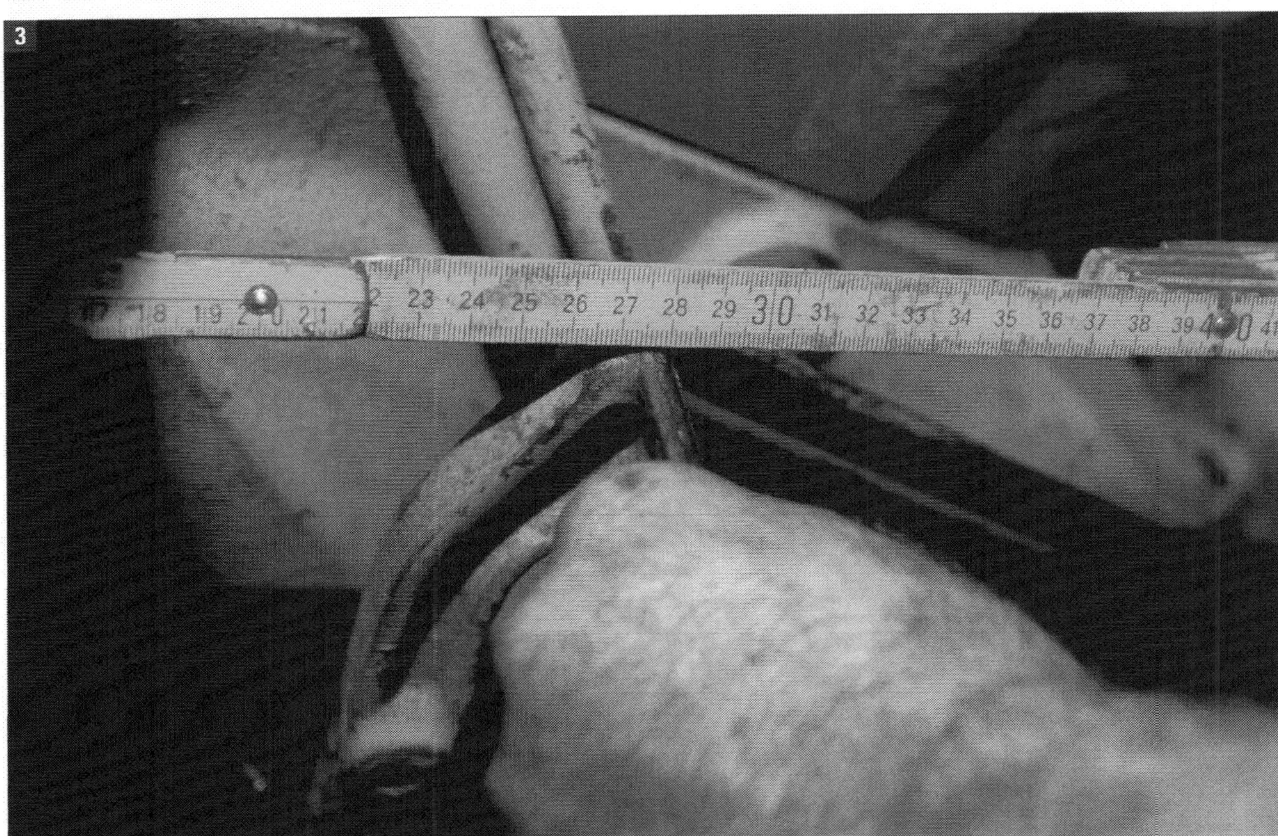

3

Die Bremsanlage

Intakte Bremsen sind Grundvorraussetzung, um am öffentlichen Straßenverkehr teilzunehmen. Dies gilt in besonderem Maß bei landwirtschaftlichen Zugfahrzeugen. Mit angehängter schwerer Last ist ein Gespann ohne funktionierende Bremsen, vor allem auf abschüssigen Fahrwegen, nicht zu bändigen.
Durch lange Standzeiten sind die Innenseiten oft stark korrodiert. Wenn Sie Ihr Fahrzeug dann wieder starten, machen Sie unbedingt einige Bremsversuche. Nur so können Sie sicher sein, dass Sie Ihr Fahrzeug wieder zum Stehen bringen.
Im Gegensatz zum Ihrem Auto hat so ein Traktor ausschließlich mechanische Bremsen, die nicht Servo unterstützt sind. Das heißt, Sie müssen wesentlich mehr Kraft aufbringen, um eine ordentliche Bremswirkung zu erzielen. Dieser Umstand wird oft unterschätzt und führt zu schlimmen Unfällen.
Grundsätzlich sind ältere Traktoren überwiegend mit Trommelbremsen, die auf die Hinterräder wirken, ausgestattet. die Betätigung erfolgt mechanisch über Gestänge.
Das Bremspedal ist in der Regel zweigeteilt. Für den normalen Fahrbereich sind die beiden Pedalhälften mit einem Sicherungsriegel miteinander verbunden – beim Bremsvorgang werden beide Hinterräder abgebremst. Für den Einsatz auf dem Feld kann durch Lösen des Sicherungshebels jedes Hinterrad einzeln gebremst werden – damit kann der Wendekreis verringert werden.
Die vom Gesetzgeber vorgeschriebene Bremsleistung wird bei intakten Bremsen grundsätzlich erreicht. Das setzt aber eine ständige Wartung voraus. Bremsbelagsverschleiß, nicht korrekte Einstellung, Verschmutzung der Bremstrommeln oder der Bremsbeläge und unsachgemäße Wartung sind Ursachen für schlecht wirkende Bremsen. Besonders gefährlich sind heiß gelaufene oder verölte Bremsen – hier geht die Bremsleistung gegen Null.
Wenn Sie selbst Arbeiten an der Bremsanlage durchführen, müssen Sie größte Sorgfalt walten lassen. Gebrauchte Sicherungsbolzen, Verschraubungen oder Splinte sind grundsätzlich durch neue zu ersetzen. Wir empfehlen Ihnen auch, wenn die Bremstrommel schon mal abgenommen ist, eine komplette Reinigung der Einzelteile. Hier sollte ausschließlich ein spezieller Bremsenreiniger als Reinigungsmittel dienen. Unter keinen Umständen dürfen Sie Öl haltige Reiniger (z.B Waschbenzin) verwenden. Zum Reinigen verwendete Lappen bitte umweltgerecht entsorgen. Wenn Sie Ihre Bremsen mit Pressluft ausblasen oder mit einem trockenen Reinigungspinsel arbeiten, sollten Sie eine Staubschutzmaske tragen.
Lassen sich die Bremsbacken auf Grund hohen Verschleißes nicht mehr genügend nachstellen, müssen die Bremsbeläge ausgetauscht werden. Fragen Sie hierzu den Fachmann um Rat, denn die Ersatzteilenummern, die Sie ggfs. in ihrer Original-Bedienungsanleitung finden, sind heute in der Regel nicht mehr gültig. Es gibt aber nahezu für alle Fabrikate Ersatzbacken und -beläge.
Sind die Bremstrommeln eingelaufen – tiefe Rillen in der Lauffläche – so müssen diese nicht grundsätzlich ausgetauscht werden. Der Fachmann kann Ihre Trommeln auf einer Drehbank ausdrehen, dies ist wesentlich billiger als eine Neuanschaffung.
Wenn Sie die Arbeiten an der Bremsanlage erledigt haben, kontrollieren Sie bitte schrittweise alle Schraubverbindungen auf festen Sitz. Bremsen Sie mit neuen Bremsen wiederholt, damit Bremsbacken und -trommeln sich anpassen.

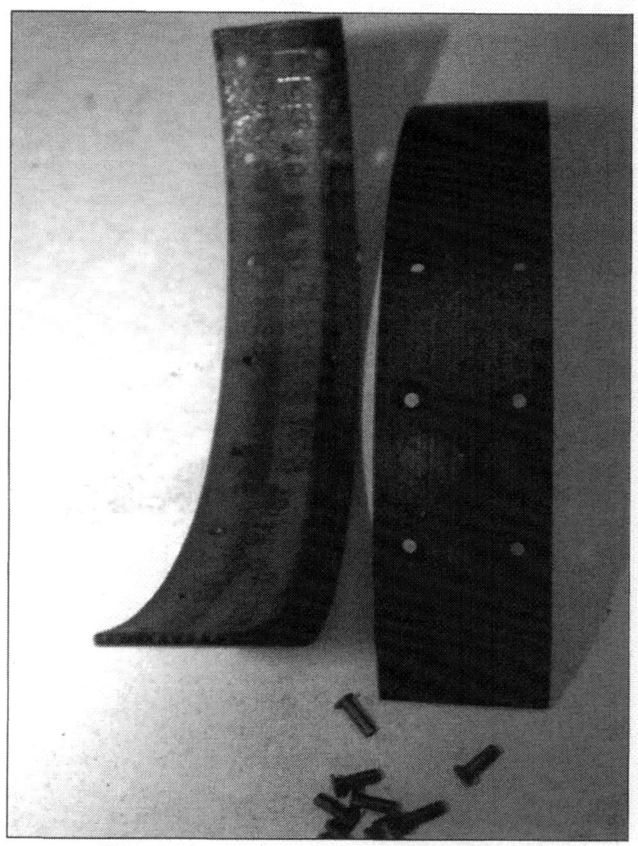

Neue Beläge bremsen gut: *Sind neue Beläge erforderlich, so müssen diese aufgenietet werden*

Bremsen kontrollieren

- Fahrzeug gegen Wegrollen absichern
- Fahrzeug hochbocken (Wagenheber sichern)
- Radmuttern lösen (1)
- Rad abnehmen
- Bremstrommel abnehmen (2)
- Belagstärke kontrollieren
- Nachstellrad gangbar machen (3)
- Laufflächen der Bremsscheiben kontrollieren (4)
- Bremstrommel aufsetzen
- Rad wieder anbauen, Radschrauben über Kreuz fest anziehen
- Nach dem Einstellen der Fußbremse muss in jedem Fall die Handbremse kontrolliert und ggfs. nachjustiert werden.

1

Das Kreuz am Rad: *Hilfreich ist ein Radkreuz mit großem Hebel – Anzug der Schrauben nur über Kreuz*

2

Showroom: *So sollte es im Inneren der Bremse aussehen – hier hat Öl oder Schmutz nicht verloren*

3

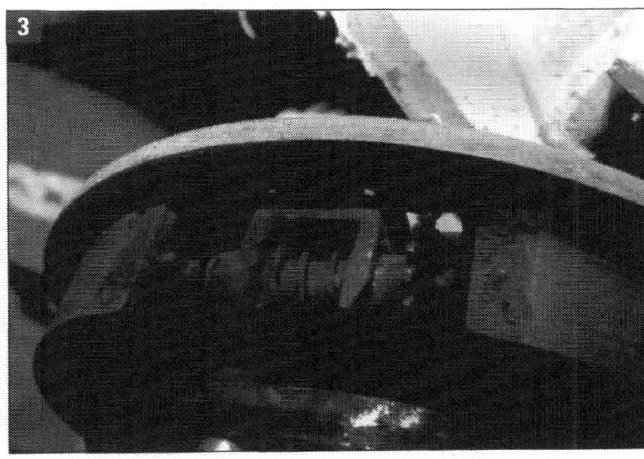

Am Rad gedreht: *Ist die Bremse schon offen, wird das Nachstellrad gleich gangbar gemacht*

4

Gute Lauffläche: *Die Auflage der Bremsbacken dürfen in der Bremstrommel keine Riefen hinterlassen*

Bremse nachstellen

Die Hinterradbremse ist eine kombinierte Fahr- und Lenkbremse. Die Lenkfußhebel können einzeln betätigt werden. Kräftige Schraubenfedern in den Zugstangen gewährleisten eine relativ sanfte Bremsung und verhindern eine Überbeanspruchung. Bei zu großem Spiel der Bremspedale in Folge von Abnutzung der Bremsbeläge wird ein Nachstellen erforderlich.

■ Gabelkopf (A) der Bremszugstange aus dem Bremshebel aushängen

■ Sechskantschraube (B) an der Zentraleinstellung zwei Umdrehungen lösen – bei Festsitzen mit leichtem Hammerschlag auf den Schraubenkopf lockern

■ Gummistopfen (C) aus dem Fenster der Bremsabdeckplatte nehmen

■ Nachstellrad (D) mit Hilfe eines Schraubendrehers (bitte Klinge so groß wie möglich wählen) in Pfeilrichtung (a) drehen – hier müssen Sie ziemlich Kraft aufwenden –, bis deutlicher Widerstand fühlbar ist. Beide Bremsbacken liegen jetzt an der Bremstrommel an

■ Sechskantschraube (B) wieder festziehen

■ Nachstellrad (D) um fünf Zähne in Pfeilrichtung (b) lose drehen. Beide Bremsbacken sind jetzt von der Bremstrommel gelöst – Abstand zur Trommel etwa 5 mm

■ Gummistopfen (C) wieder eindrücken. Das ist wichtig! Sollten keine Gummistopfen vorhanden sein, so sollten diese besorgt oder angefertigt werden, denn sonst kann Schmutz in die Bremstrommel gelangen und die Funktion beeinträchtigen

■ Bremshebel (F) mit der Hand in Bremsrichtung bewegen, bis leichter Widerstand fühlbar wird. Nocken liegen an beiden Bremsbackenköpfen kraftschlüssig an

■ Länge der Bremszugstangen (G) nach Lösen der Gegenmutter und Drehen des Gabelkopfes abstimmen

■ Gabelkopf in dieser Stellung einhängen

■ Bolzen sichern

■ Gegenmutter festziehen

> Verölte, gebrochene und abgenutzte Bremsbeläge sind grundsätzlich durch neue zu ersetzen.
>
> Unrunde und riffelige Bremstrommeln müssen ausgedreht, geschliffen oder poliert werden – eventuell müssen diese sogar erneuert werden. Hierzu fragen Sie am besten den Fachmann.

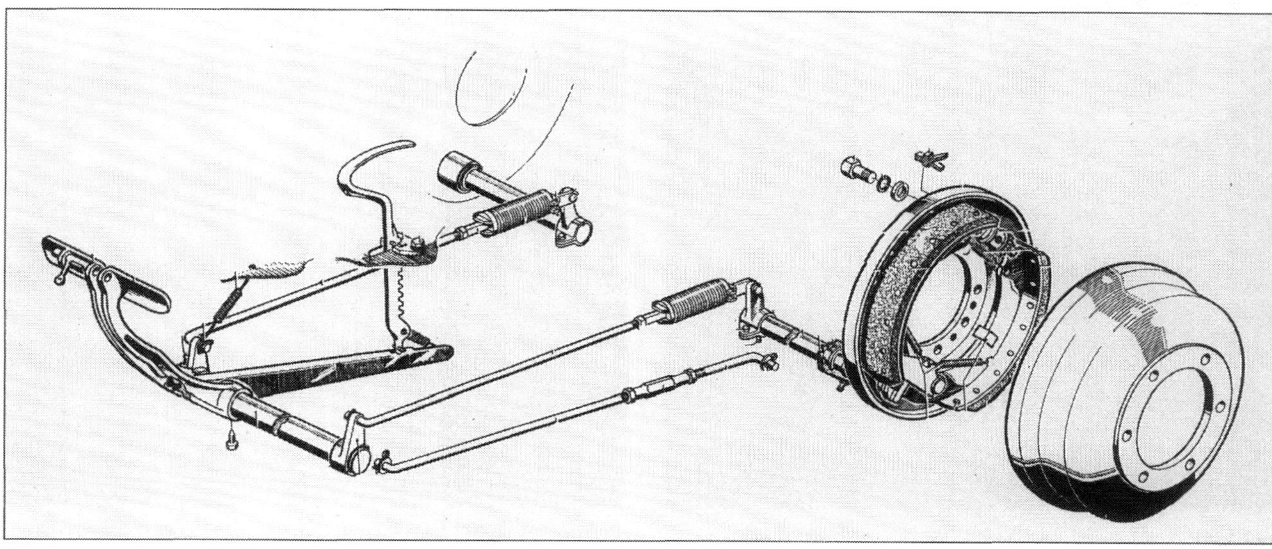

Die Bremsanlage verstehen: *So ist die Bremsanlage aufgebaut*

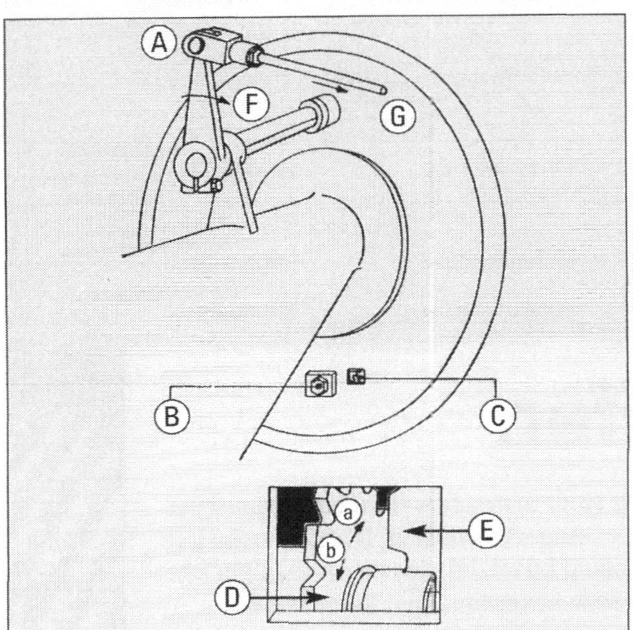

Die Bremse im Detail: *(A) Gabelkopf, (B) Sechskantschraube zur Zentrierung, (C) Gummistopfen, (D) Nachstellrad, (E) Bremsbacke, (F) Bremshebel, (G) Bremszugstange, (a) fest, (b) lose*

Räder und Reifen

Auch die Pneus Ihres Traktors brauchen Pflege. Oft steht man ratlos vor einer Neuanschaffung, weil die alten Reifen nicht mehr verkehrssicher sind. Wir verraten Ihnen, wie Sie Ihre Reifen optimal pflegen und was Sie bei einem Neukauf beachten müssen. Außerdem können Sie sich in einer Umrechnungstabelle Alt/Neu über Bezeichnungen informieren.

Die Bereifung

Erst durch Benutzen der Luftbereifung seit etwa 1932 ist die vielseitige Verwendung und dadurch große Verbreitung des Traktors möglich geworden, da er von da an ohne Radwechsel auf Acker und Straßen benutzt werden konnte. Der Luftschlauch wird vom Felgenbett und Reifen (Decke) umschlossen, dessen verschiedene Ausführungen sich durch Aufbau, Profil und Abmessungen unterscheiden.

Seine Festigkeit erhält der Reifen durch den als Karkasse bezeichneten Gewebeunterbau aus diagonal, im Gürtel- oder Radialreifen radial übereinandergelegten Lagen von Kunstfaser- oder Cordseidenfäden mit Gummibewehrung. Im Niederdruckreifen sind weniger, im Hochdruckreifen mehr dieser Gewebelagen enthalten, deren Widerstandsfähigkeit durch die PR-Zahl gekennzeichnet wird. Die beiden seitlichen Reifenwülste stellen den Kraftschluss mit der Felge her, der durch eine Stahlseileinlage verstärkt wird. Diese verhindert ein elastisches Dehnen der Wülste und somit Herausspringen des Reifens aus den Felgenhörnern. Ein Zwischenbau aus zähem Gummi bildet die Verbindungsschicht zum Oberbau mit der Lauffläche. Ein Reifen darf niemals bis zum Zwischenbau abgefahren werden, da er dann keine Verkehrssicherheit mehr bietet und nicht mehr runderneuert werden kann.

Die Lauffläche des Oberbaues (Protektor) besteht aus abriebfesten Gummimischungen und ist mit einem möglichst griffigen Profil versehen. Reifen mit agrartechnischen Spezialprofilen haben folgende Kennbuchstaben hinter ihrer Dimensionsangabe:

Treibradreifen für Traktoren	AS
Vorder-(Lenk-)radreifen für Traktoren	AS F
Reifen für Ackerwagen	AW
Reifen für Landmaschinen	AM

AS-Reifen sind Niederdruckreifen auf Tiefbettfelgen mit schräger Felgenschulter oder Niederquerschnittreifen auf Breitbettfelgen. Ihre Abmessungen werden

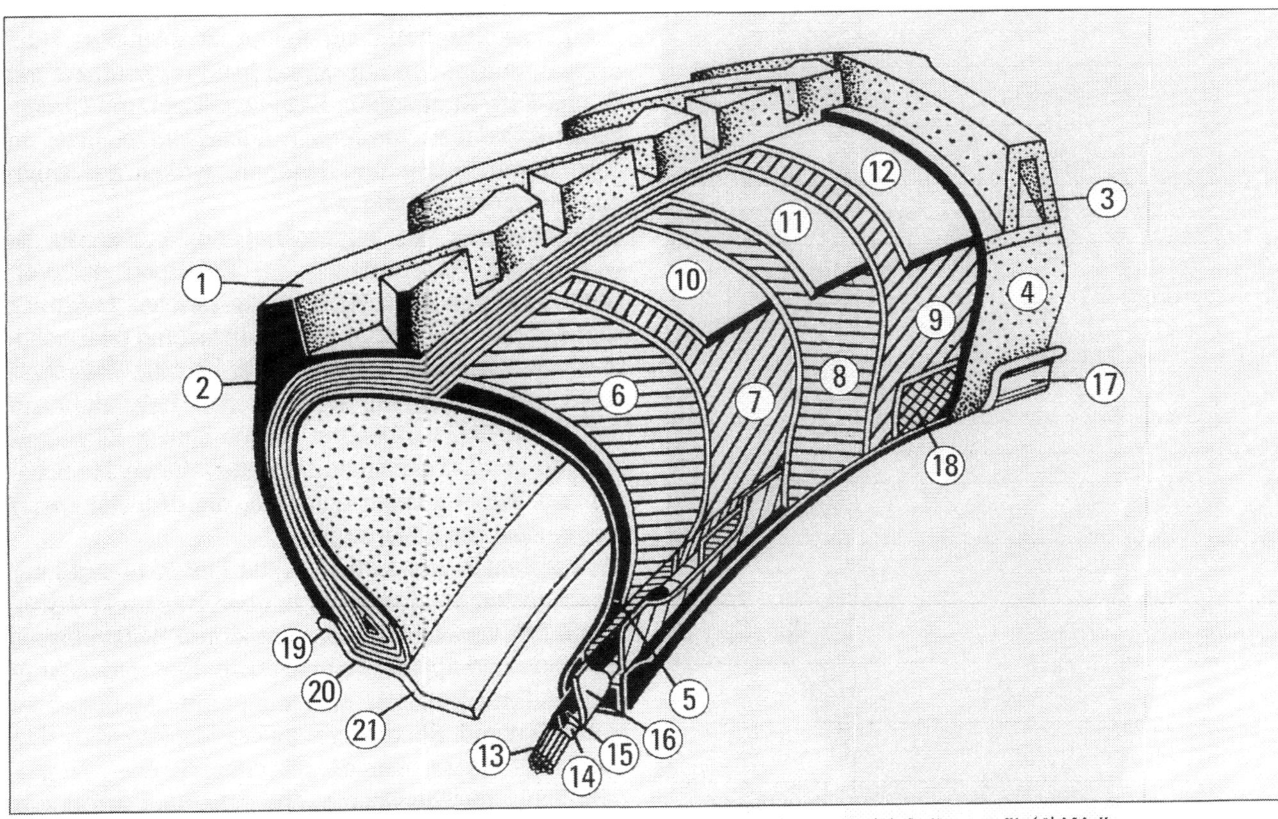

Aufbau eines Traktorreifens AS und seiner Felge: *(1) Profilstollen, (2) Seitengummi, (3) Seitenprofil, (4) Walkzone, (5) Zwischenbau, (6) erste Gewebelage, (7) zweite Gewebelage, (8) dritte Gewebelage, (9) vierte Gewebelage, (10 und 11) Kappen, (12) Polster, (13) Drahtkern, (14) Wulstgewebe, (15) Kerngummi, (16) Wulstfahne, (17) Felge, (18) Seitenband, (19) Felgenhorn, (20) Felgenschulter, (21) Felgentiefbett*

noch in Zoll (1 engl. Zoll = 25,4 mm) angegeben, z.B. 7,50-20. Die erste Zahl bezeichnet die Nennbreite des aufgepumpten Reifens (über die Seitenwände gemessen), die zweite Zahl den Durchmesser am Reifensitz (gleichzeitig den Felgendurchmesser). Für Tiefbettreifen wird die Nennbreite mit zwei Dezimalstellen angegeben, bei Breitbettreifen nur in ganzen Zahlen (z.B. 8-36). Neuerdings werden für diese größere Felgenbreiten verwendet und dann auf den Breitbettreifen vor der Nennbreite die tatsächliche Breite in Zoll mit angegeben (z.B. 18,4/15-30). Vom Außenhalbmesser des aufgepumpten und unbelasteten Reifens weicht der in der Praxis entstehende »wirksame Reifenradius« infolge der Abplattung etwas ab.

Treibradreifen mit Ackerprofil für Traktoren haben Hochstollen von etwa 40–80 mm Höhe und großem gegenseitigem Abstand, die untereinander keine Verbindung haben sollen (offenes Profil), damit der Reifen ausreichend Weichheit behält und sich selbst reinigt. Wichtig für eine gute Griffigkeit ist die richtige Profilrichtung (Pfeil an der Reifenseitenwand) der unter einem Winkel von 45-23 Grad angeordneten Stollen. Ebenso wesentlich ist der richtig angepasste Reifeninnendruck, der zusammen mit dem Einhalten der vorgegebenen Reifentragfähigkeit für die Reifenlaufleistung maßgebend ist. Eine weitere Verbesserung der Fahreigenschaften wird durch Gürtel- oder Radialreifen erzielt. Allzweckprofile sind für solche Traktoren bestimmt, die vornehmlich auf harten Fahrbahnen eingesetzt werden.

Profil zeigen: *Profilstollen eines neuen Antriebsrads*

Das Profil der AS-Frontreifen ist durch Spurrippen gekennzeichnet, die im schmierigen Boden gut die Richtung halten. Kleinere seitliche Querstollen erleichtern das Herausklettern aus Furchen.

Ist ein Reifenprofil in der Mitte der Lauffläche bis auf 2 mm Profiltiefe abgenutzt, muss die Decke einer Runderneuerung zugeführt werden. Die Kosten für das vollwertige Runderneuern betragen nur etwa 30 Prozent des Reifenneupreises.

Reifenpflege

Sonneneinstrahlung, Wärmeeinwirkung und auch Zugluft haben Einfluss auf die Alterung von Reifen. Der ideale Lagerraum für Reifen ist möglichst kühl, trocken, dunkel und nur gering belüftet. Kontakte mit Öl und Fett, Kraftstoffen, Lösungsmitteln und Chemikalien sollte man vermeiden. Bestimmte Metalle, im besonderen Kupfer und Mangan, wirken auf Gummierzeugnisse schädigend.

Die Einhaltung des vorgeschriebenen Luftdrucks ist wesentliche Voraussetzung zur Erhaltung der Verkehrs- und Betriebssicherheit. Ein falscher Luftdruck (zu hoch oder zu niedrig), höhere Belastung oder höhere Geschwindigkeit, als vom Fahrzeug- bzw. Reifenhersteller vorgeschrieben, erhöhen den Rollwiderstand und durch den vermehrten Abrieb sinken Kilometerleistung und Lebensdauer der Reifen. Verdeckte Schäden am Reifen können auftreten, die erst viel später zum Ausfall des Reifens führen.

Wir empfehlen, den Luftdruck der Reifen 14-tägig mit einem geeichten Messgerät zu überprüfen und Ventilkappen zu verwenden, um Ventile und Reifeninneres vor Staub und Schmutz zu schützen. Der vorgeschriebene Luftdruck bezieht sich immer auf den Reifen im kalten Zustand. Ein größerer Luftverlust zwischen den Kontrollen deutet immer auf einen Reifen-, Ventil- oder Schlauchschaden hin, der unbedingt sofort von einem Reifenspezialisten behoben werden muss.

Reifenwechsel

Ideal ist, nach der rein mechanischen Montage, eine impulsartige Erhöhung des Luftdruckes über einen Füllautomat. Danach erfolgt eine laufende Erhöhung des vorher eingestellten Setzdruckes und ein automatisches Ablassen auf den ebenfalls programmierten Betriebsdruck. Damit wird für den Monteur und seine Umgebung bei der Montage von Traktorreifen optimale Sicherheit garantiert. Die auf dem Markt erhältlichen Pannenhilfen sind nur als Notbehelf anzusehen. Bei ihrer Verwendung sind die Anweisungen des Reparaturmittelherstellers zu beachten. Die Beurteilung einer Reparaturstelle ohne Reifendemontage und Kontrolle des Reifeninneren ist sehr bedenklich.
Eine absolute Dichtheit des Ventileinsatzes ist nur in Verbindung mit einer fest aufgeschraubten Ventilkappe garantiert, welche auch als Schutz gegen Verschmutzung des Reifeninneren dient. Die Ventillänge soll so gewählt werden, dass das Ende nicht über den Felgenrand hinausragt.

Schwerpunktverlagerung durch Wasserbefüllung

Durch eine zusätzliche Belastung der Triebachse lässt sich die Zugkraft von Traktoren erhöhen, gleichzeitig wird der Schwerpunkt des Fahrzeuges gesenkt.
Dies wird am einfachsten und ohne zusätzlichen Verschleiß an Lagern und Getrieben durch eine Wasserfüllung der Triebradreifen erreicht.
Um die Flexibilität des Reifens zu erhalten, sollten nur 75 % seines Volumens befüllt werden. Dies wird etwa erreicht, wenn das Ventil beim Füllvorgang in seiner höchsten Position steht. Auch wird von Reifenherstellern eine 100 %-ige Wasserfüllung empfohlen, um beim Einsatz im Gelände noch 25 % mehr an Gewicht zu erhalten. Auf Straßen ist jedoch nur eine 75 %-ige Füllung empfehlenswert, da es bei Steinen oder Schlaglöchern zu erheblichen Reifenverletzungen kommen kann.
Bei Frostgefahr unbedingt darauf achten, dass die Reifenfüllung ausreichend mit Frostschutzmittel versehen ist.

***Vorderreifen:** Mit ausreichend Profil bleibt jeder Traktor in der Spur*

Bezeichnungen alter und neuer Traktorreifen

Größe	Alt	Standard	Neu
24 Zoll	9 R 24	9.5 R 24	250/85 R 24
	10 R 24	11.2 R 24	280/85 R 24
	11 R 24	12.4 R 24	320/85 R 24
	12 R 24	13.6 R 24	340/85 R 24
	13 R 24	14.9 R 24	380/85 R 24
	14 R 24	16.9 R 24	420/85 R 24
	15 R 24	18.4 R 24	460/85 R 24
26 Zoll	13 R 26	14.9 R 26	380/85 R 26
	14 R 26	16.9 R 26	420/85 R 26
	15 R 26	18.4 R 26	460/85 R 26
28 Zoll	9 R 28	9.5 R 28	250/85 R 28
	10 R 28	11.2 R 28	280/85 R 28
	11 R 28	12.4 R 28	320/85 R 28
	12 R 28	13.6 R 28	340/85 R 28
	13 R 28	14.9 R 28	380/85 R 28
	14 R 28	16.9 R 28	420/85 R 28
	15 R 28	18.4 R 28	460/85 R 28
30 Zoll	13 R 30	14.9 R 30	380/85 R 30
	14 R 30	16.9 R 30	420/85 R 30
	15 R 30	18.4 R 30	460/85 R 30
32 Zoll	11 R 32	12.4 R 32	320/85 R 32
	14 R 32	16.9 R 32	420/85 R 32
34 Zoll	14 R 34	16.9 R 34	420/85 R 34
	15 R 34	18.4. R 34	460/85 R 34

Größe	Alt	Standard	Neu
36 Zoll	11 R 36	12.4 R 36	320/85 R 36
	12 R 36	13.6 R 36	340/85 R 36
38 Zoll	12 R 38	13.6 R 38	380/85 R 38
	14 R 38	16.9 R 38	420/85 R 38
	15 R 38	18.4 R 38	460/85 R 38
		20.8 R 38	520/85 R 38
42 Zoll	15 R 42	18.4 R 42	460/85 R 42
		20.8 R 42	520/85 R 42
Pflegereifen 32 Zoll		8.3 R 32	210/95 R 32
		9.5 R 32	230/95 R 32
		11.2 R 32	270/95 R 32
Pflegereifen 36 Zoll		8.3 R 36	210/95 R 36
		9.5 R 36	230/95 R 36
		11.2 R 36	270/95 R 36
Pflegereifen 40 Zoll		9.5 R 40	230/95 R 40
Pflegereifen 44 Zoll		9.5 R 44	230/95 R 44
		11.2 R 44	270/95 R 44
46 Zoll		12.4 R 46	300/95 R 46
48 Zoll		11.2 R 48	270/95 R 48
52 Zoll		12.4 R 52	300/95 R 52

Die wichtigsten Reifenhersteller

Alliance
Bridgestone mit Bridgestone, Firestone
Czech Rubber Group mit den Landwirtschaftsreifen der Marken Barum, Mitas, Euzkadi, Continental und Semperit
Danubiana
Goodyear mit Goodyear, Fulda Reifen, Dunlop, Falken, Pneumant
Michelin mit den Marken Michelin, Kleber, B.F. Goodrich, Stomil, Taurus, Komoran
Trelleborg mit den Marken Trelleborg, Viskafors, Pirelli Landwirtschaftsreifen
Vredestein

Reifenwechsel

Demontage

■ Fahrzeug gegen Wegrollen absichern

■ Radmuttern lösen

■ Fahrzeug hochbocken; Fahrzeug auf Unterstellböcke stellen (1)

■ Radmuttern vollständig abschrauben

■ Rad abnehmen

■ Alte Laufrichtung des Rads auf der Felge bezeichnen (2)

■ Ventileinsatz herausschrauben und Luft aus dem Schlauch komplett entweichen lassen

■ Ventilkontermutter leicht lösen – nicht ganz abschrauben!

■ Reifenwulst auf beiden Seiten mit Hammerschlägen vom Felgensitz lösen – Achtung! Felge dabei nicht beschädigen
Bei Gussfelgen ist diese Methode nicht empfehlenswert: hier nimmt man einen Holzbalken zu Hilfe und klopft auf diesen (3)

■ Montierhebel ansetzen und auf einer Seite die Reifenflanke über die Felge hebeln, mit dem zweiten Montierhebel unterstützen. Beginnen Sie hierbei immer gegenüber des Ventils (3/4)

■ Unterlegen Sie den Reifen links und rechts mit Holzstücken, so dass ein deutlicher Spalt zwischen Felge und Reifen entsteht (5)

■ Kontermutter am Ventil vollständig abschrauben

■ Schlauch vorsichtig herausnehmen (6)

1

■ Rad aufstellen (7)

■ Mit dem Montierhebel die zweite Flanke über den Felgenrand hebeln. Ein Helfer hält den Montierhebel und das Rad. Mit einem zweiten Montierhebel die Flanke über den Felgenrand »schälen« (8)

■ Felge auf Beschädigungen absuchen und evtl. korrodierte Stellen behandeln

Neumontage

■ Reifenmontierpaste – Schmierseife ist ein taugliches Mittel aus dem Haushaltsputzschrank – auf die Felgenränder und die Reifenwülste aufbringen (9)

■ Neuen Reifen auf die Felge legen. Die Laufrichtung (Pfeil ist in die Flanke eingegossen) muss mit der angebrachten Kennzeichnung auf der Felge übereinstimmen

■ Mit leichten Hammerschlägen den Wulst über den Felgenrand klopfen (10)

■ Mit Montierhebeln auf einer Seite Reifenflanke des neuen Reifens über die Felge hebeln

■ Schlauch einlegen, dabei auf den richtigen Ventilsitz achten (11)

■ Mit Montierhebeln auf der zweiten Seite die Reifenflanke des neuen Reifens über die Felge hebeln (12)

■ Schlussstück mit Hammerschlägen über den Felgenrand bringen (14)

■ Ventil einschrauben, Kontermutter einschrauben

■ Reifen komplett mit Luft befüllen – ca. 2 bar über dem vorgeschriebenen Druck einfüllen, damit der neue Reifen sich komplett dem Felgenbett anpasst, danach die Luft ablassen, bis die vorgeschriebene Menge erreicht ist (15)

■ Rad montieren

■ Radschrauben von Hand anlegen

■ Traktor ablassen

■ Radschrauben über Kreuz fest anziehen, ggfs. eine Verlängerung für großere Hebelwirkung einsetzen

2

3

3

4

5

6

7

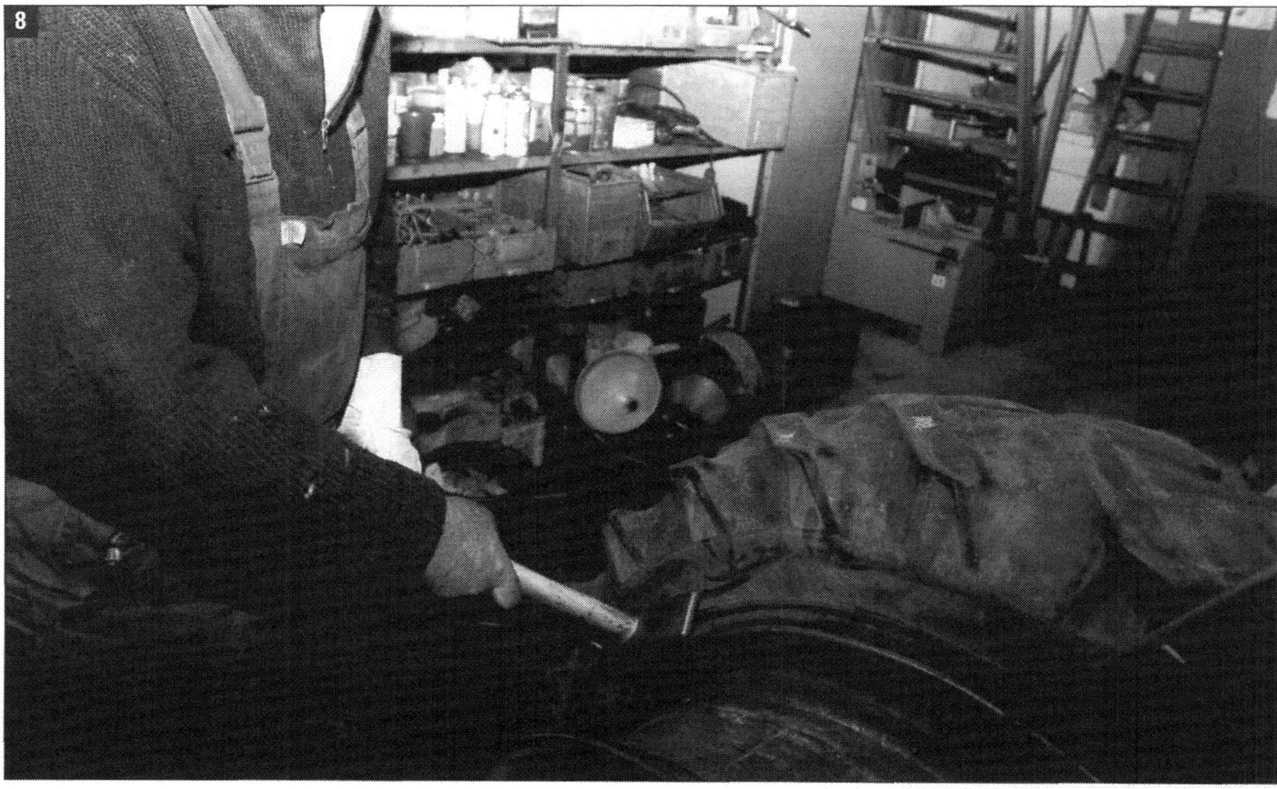

10

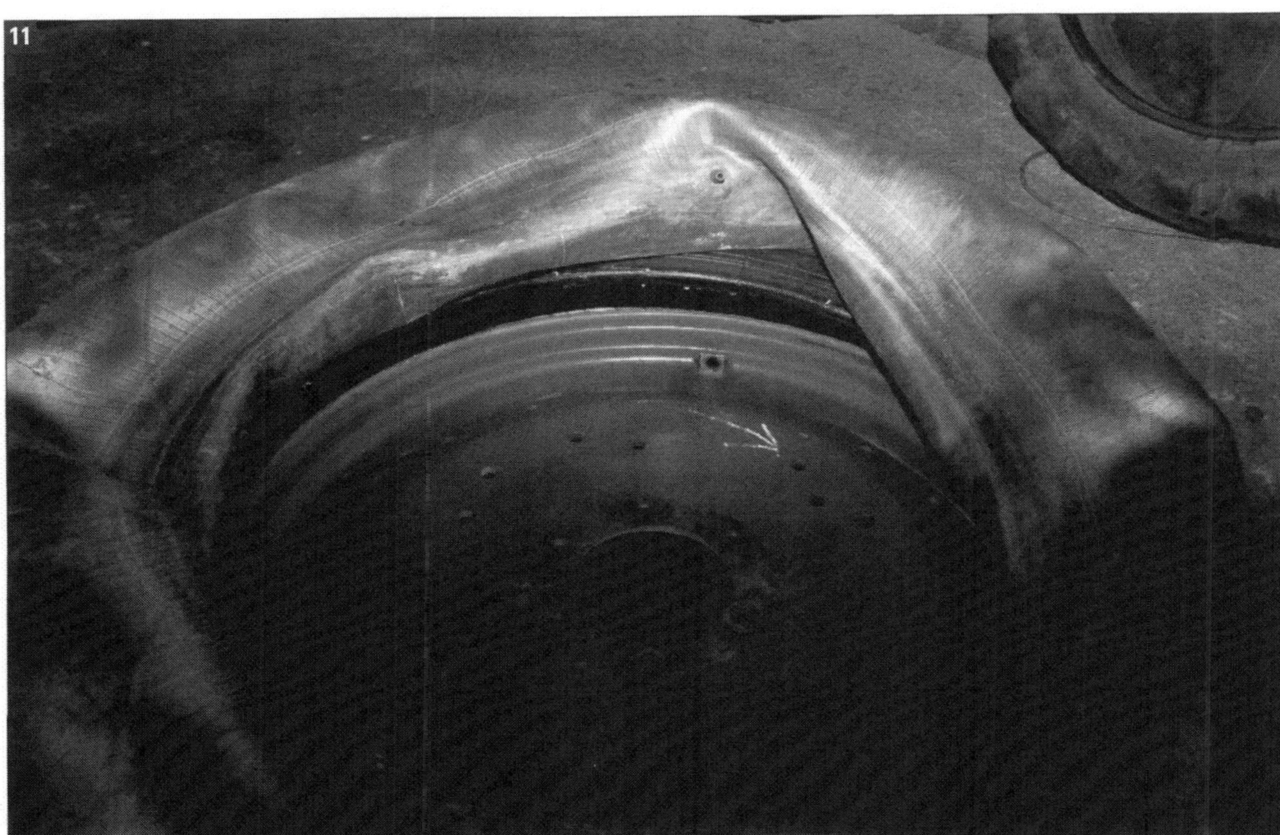
11

12

13

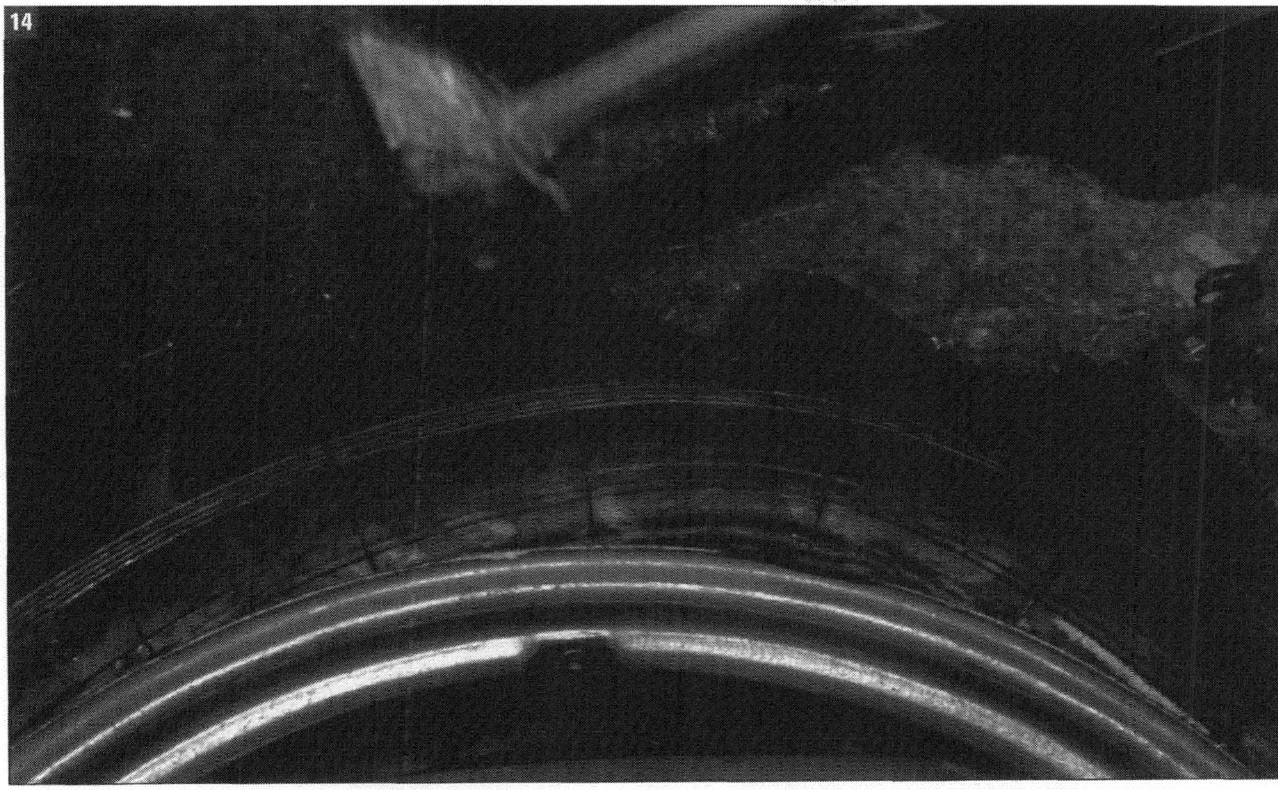

Lackieren, aber richtig

Farbe ist Leben! Egal, ob ein Traktor arbeiten muss oder als Hobbyfahrzeug zu Ausfahrten eingesetzt wird, schön muss er sein. Eine neue Lackierung vom Profi kostet eine Menge Geld. Mit etwas Übung können Sie Ihren Traktor farblich wieder aufmöbeln, allerdings müssen grundsätzliche Dinge beachtet werden.

Lackieren von Fahrzeugteilen

Lackieren mit einer Spritzpistole ist die effektivste Art, ihrem Schlepper einen neuen Farbanstrich zu geben. Im Handel erhältlich sind pneumatische und elektrische Spritzpistolen.
Wir verwenden in diesem Kapitel eine pneumatische Spritzpistole.
Damit das Endergebnis der Lackieraktion ihren Vorstellungen entspricht, sollten Sie größtes Augenmerk auf die Vorbehandlung der zu lackierenden Teile legen.
Tragen Sie bei allen Arbeiten unbedingt Schutzkleidung (Atemschutz, Schutzbrille). Vor allem müssen die Räumlichkeiten, in denen lackiert wird, gut belüftet sein.

- Lose Teile, wie Rost oder alter Farbauftrag müssen gründlich abgekratzt oder mit einem Schleifgerät abgeschliffen werden.
- Wenn die alte Lackierung überspritzt werden soll, dann muss sie vorher mit einem Nass-Schleifpapier mit einer 300er Körnung geschliffen werden.
- Raue Oberflächen mit Schleifpapier (Körnung 200) glattschleifen.

GEFAHRENHINWEIS

Lackieren kann gefährlich sein

Ob es nun reines Hobby ist oder beruflich ausgeübt wird: Das Lackieren birgt gewisse Risiken. Beachten Sie daher stets folgende Grundregeln:

- Arbeiten Sie grundsätzlich in gut belüfteten Räumen!
- Tragen Sie immer eine Schutzbrille!
- Verwenden Sie immer einen Atemschutz!
- Sorgen Sie dafür, dass immer jemand in der Nähe ist, während Sie mit flüchtigen Materialien arbeiten!
- Entsorgen Sie Reste von Farben und Verdünnungen stets als Sondermüll!

Dass Essen, Trinken und offenes Licht sowie Zigaretten am Arbeitsplatz nichts verloren haben, setzen wir als selbstverständlich voraus. Lagern Sie aber auch keine Flüssigkeiten in Trinkflaschen. Und zu guter Letzt: Legen Sie sich zur Sicherheit einen Verbandskasten und einen Feuerlöscher bereit.

- Unebenheiten können mit Spachtelmasse aus dem Zubehörregal ausgeglichen werden.
- Um glatte Oberflächen zu erhalten, empfehlen wir ein Vorspritzen mit Füller. Hier muss eine Verträglichkeit mit dem Decklack bestehen – fragen Sie unbe-

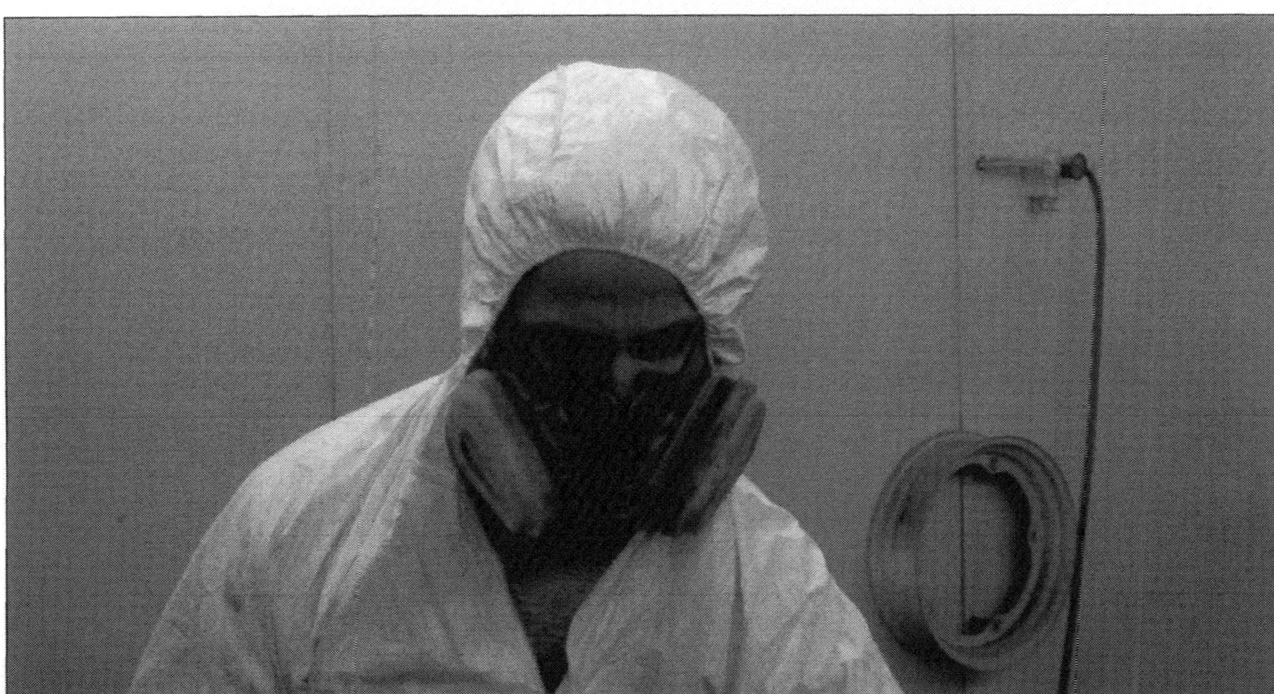

Atemschutz ist wichtig: *Spritznebel ist so fein, dass die Atemwege unbedingt geschützt werden müssen*

dingt im Farbengeschäft nach. Nach dem Aufbringen des Füllers werden die zu lackierenden Teile mit einem Schleifpapier mit 400er Körnung geschliffen.
Der so vorbereitete Untergrund ist nun glatt, sauber, trocken und fettfrei.
Besser vor dem Lackieren nochmals überprüfen, denn wenn dies nicht der Fall ist, wird der Lack nicht einwandfrei haften.

Abdecken und Abkleben

Manche Teile an Traktoren sollten tunlichst nicht überlackiert werden, um ihre Funktion zu erhalten – sie müssen sorgfältig geschützt werden.
Lager und Ketten kann man mit einem Schmierfettauftrag versehen, der nach dem Lackieren leicht mit einem Lappen wieder abgewischt werden kann. Bereits lackierte Fahrzeugteile oder größere Flächen (z.B. Motor oder Tachouhren) schützt man am besten durch Abkleben.
Hierbei verwendet man für große, geradlinige Flächen ein Packpapier, das mit Klebeband befestigt wird. Beim Verkleben sollten sie auf ein sauberes Anliegen des Klebebands achten, damit die verspritzte Farbe nicht darunter kriechen kann, nur so erhalten sie eine saubere Spritzkante.
Zum Entfernen des Kreppbandes sollte der Lack noch feucht sein. Das Ablösen des Klebebandes sollte genauso umsichtig wie das Anbringen erfolgen.
Natürlich sollte auch die Umgebung geschützt werden. Der Garagen-/Scheunenboden dankt es Ihnen, wenn Sie auch hier vorbeugende Maßnahmen treffen. Aufgeschnittene Versandkartons leisten hier einen guten Job.

Farben und Verdünnungen

Bevor man mit dem Spritzen beginnen kann, müssen die Farben und Lacke auf eine notwendige Viskosität eingestellt werden. Natürlich sind auch Farben erhältlich, die vom Hersteller als »spritzfertig« bezeichnet sind. Manche Farbengeschäfte verfügen über eine Mischanlage – Anfänger sollten sich dort gegen einen geringen Aufpreis die Viskosität einstellen lassen.
Wer doch die Einstellung selbst vornehmen will, kann

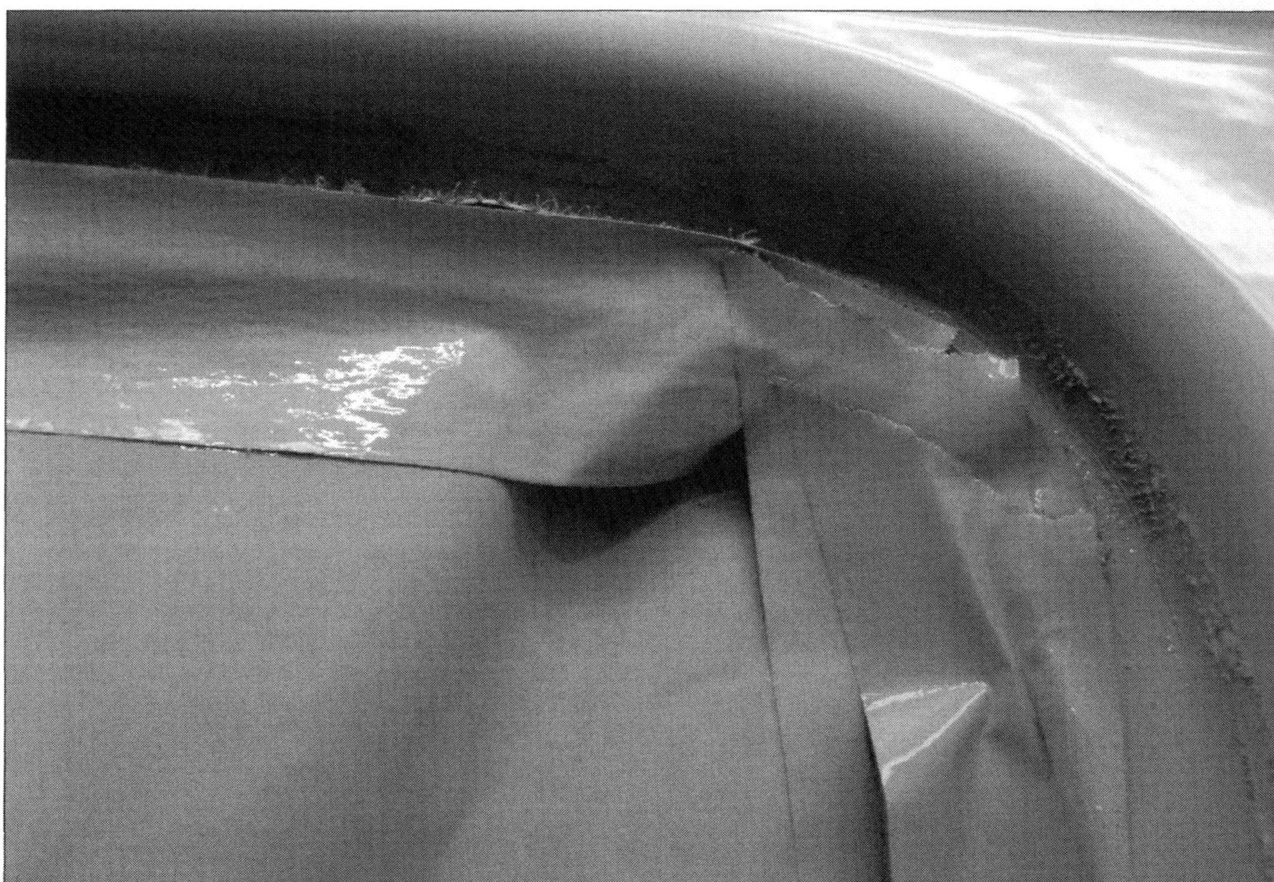

Farbenschutz: *Teile, die keine Farbeerhalten sollen, müssen sauber abgeklebt werden*

sich wie folgt orientieren:
- Doseninhalt kräftig mit einem sauberen Rührstab durchrühren
- Rührstab aus der Farbe ziehen und waagerecht halten. Die Farbe sollte unter schwacher Fadenbildung abtropfen.
- Fließt die Farbe zäh ab und es bilden sich starke Fäden, so muss in geringer Dosierung eine geeignete Verdünnung beigemengt werden (siehe Tabelle »Welche Verdünnung für welche Farben und Lacke«). Gegebenenfalls wiederholen sie diese Prozedur, bis die »richtige« Viskosität erreicht ist.

Lackierbetriebe machen ihre Farben mit einem so genannten Din-Messbecher spritzfertig.

Technik des Spritzens

Je dünner die Farbe ist, um so kleiner müssen Sie die Bohrung der Spritzdüse wählen. Ihr Druckluftkompressor sollte im optimalen Fall einen Luftvorrat von 500 Litern zur Verfügung stellen, an einem Druckminderer sollte der Arbeitsdruck von 3 bis 5 bar einstellbar sein. Ein Ölabscheider verhindert, dass Kondenswasser oder Öl aus dem Druckluftbehälter in die Farbe gelangt und ihr Spritzergebnis negativ beeinflusst.

Sind diese Voraussetzungen gegeben, können sie jetzt die richtig eingestellte Farbe in den Behälter der Spritzpistole einfüllen. Achten sie hierbei darauf, dass keine Fremdkörper in den Behälter gelangen.

Grundsätzlich sollte man eine Probespritzung vornehmen. Am besten eignet sich hier ein glatter Karton. Beobachten sie den Spritzstrahl und den Farbauftrag. Korrekturen können durch Verwendung einer anderen Spritzdüse oder durch eine andere Einstellung des Arbeitsdrucks vorgenommen werden – Probespritzung wiederholen.

Beim Spritzen von senkrechten Flächen wird die Spritzpistole senkrecht geführt, bei waagerechten Flächen wird die Pistole in einem Winkel von 45° nach unten gehalten, dabei ist darauf zu achten, dass keine Farbe aus dem Entlüftungsloch im Behalterdeckel ausläuft.

Rhythmus ist alles: *Gleichmäßige Hin- und Herbewegungen garantieren ein sauberes Ergebnis*

Um eine saubere Fläche zu erhalten, muss man die Spritzpistole gleichmäßig in parallel laufenden Bahnen führen. Die Spritzpistole darf nicht aus dem Handgelenk bewegt werden, weil sich so der Abstand der Spritzdüse verändert und der Farbauftrag dadurch nicht gleichmäßig erfolgt. Durch Hin- und Herbewegen des ganzen Körpers erreichen sie einen optimalen Farbauftrag. Achten sie darauf, dass sie immer außerhalb (etwa 10 Zentimeter) der Spritzfläche mit dem Spritzvorgang beginnen. Der Abstand der Spritzpistole zum zu lackierenden Teil sollte 25 bis 30 Zentimeter betragen.

Durch zweimaliges Spritzen eines dünnen Farbauftrags erhalten sie in der Regel ein deutlich besseres Ergebnis, als wenn sie die Farbe durch einen einmaligen Spritzvorgang dick auftragen.

Bei großen Flächen können so genannte Tropfnasen entstehen. Diese können weitgehend durch einen vorher aufgetragenen Haftgrund vermieden werden. Beachten sie hierbei die Verarbeitungsvorschriften des Herstellers.

Nach dem Lackiervorgang sollte man die Spritzpistole gründlichst mit Verdünner reinigen. Hierzu füllt man Verdünnung in den leeren Farbbehälter ein und versprüht das Gemisch auf eine saugfähige Fläche. Dann zerlegt man die Pistole so weit wie möglich und wäscht die Einzelteile mit einem Reinigungspinsel in einer geeigneten Schale in Verdünnung aus.

Farben- und Verdünnerreste sind Sondermüll und dürfen nicht in die Hausmülltonne. Getränkte Lappen, Behältnisse, eben alles, was beim Lackieren zum Einsatz gekommen ist, muss ebenfalls als Sondermüll entsorgt werden. Jeder Privatmensch braucht hier nicht tief in die Tasche zu greifen, denn jede Stadtverwaltung in Deutschland bietet zwei Mal jährlich eine kostenlose Entsorgung bei einem Schadstoff-Mobil an.

In Reih und Glied: *In der Lackierwerkstatt werden keine Düsen gewechselt – hier hat man für jeden Einsatzbereich eine eigenen Spritzpistole*

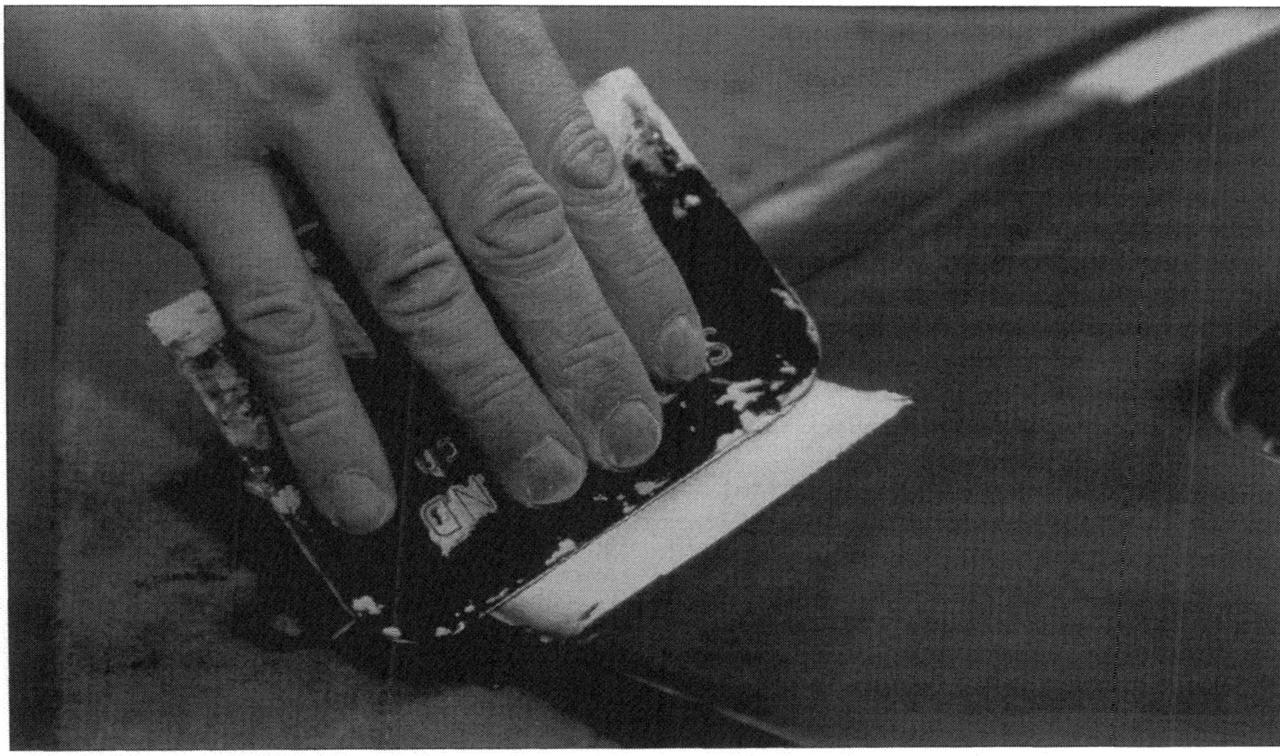

Für eine ebene Oberfläche: *Unebenheiten werden mit Spachtelmasse ausgeglichen …*

… und mit einem feinen Schmiergelleinen nochmals verschliffen

Vorbereitungen ohne Muskelkraft

Es gibt noch weitere Möglichkeiten, um alte Lackschichten und Rost zu entfernen.
Hier ist als allererstes der Druckluft-Nadelabklopfer-Vorsatz zu erwähnen. Der Vorteil gegenüber dem Sandstrahlen ist, dass man nicht Gefahr läuft, dass Sand in den Motor eindringt. Auch wenn man alles penibel abklebt und verstopft, besteht immer die Gefahr, ein kleines Loch vergessen zu haben. Und wenn Sand in den Motor gekommen ist, hat man nur noch kurze Freude am neu lackierten Traktor.

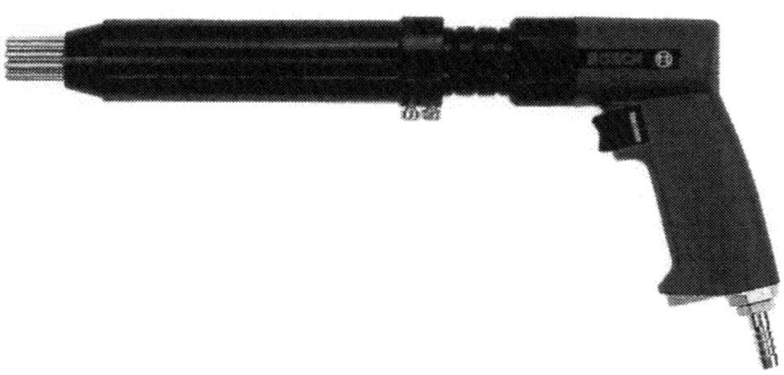

Erfolg ohne Muskelkraft: *Mit dem Druckluft-Nadelabklopfer geht das Ablösen alter Lacke und Rost ganz einfach*

Dieser Vorsatz wird einfach nur an einen ganz normalen Drucklufthammer geschraubt und schon kann es losgehen. Ein handelsüblicher Kompressor ist völlig ausreichend für diese Arbeit. Diesen Nadelabklopfer-Vorsatz bekommt man im Werkzeughandel.
Die mit dem Nadelabklopfer behandelten Flächen müssen nur noch mit einem Schwingschleifer oder mit ein wenig Schleifpapier leicht abgeschliffen werden und schon ist die jeweilige Fläche fertig zum Grundieren bzw. Lackieren!
Mit einem Sandstrahlgerät lassen sich am besten Anbauteile, wie zum Beispiel Sitz, Trittstufen, Kotflügel, Motorhaube usw. im abgebauten Zustand sauber machen. Hier besteht keine Gefahr, dass durch Eindringen von Strahlmitteln irgendetwas kaputt gehen kann.
Es gibt den Nadelabklopfer auch gebrauchsfertig. Der Werkzeughandel bietet die Einzelgeräte ab ca. 200 Euro an.
Öle und Fette am Rahmen und an anderen Stellen lassen sich am besten mit Bremsenreiniger entfernen. Vor dem Lackieren müssen diese einwandfrei trocken sein und dürfen keine Rückstände aufweisen.

Die richtige Verdünnung

Spritzmittel	Verdünnung
Grundierungen	Universalverdünnung
Kunstharzlacke	Universalverdünnung
Hammerschlaglacke	Nitroverdünnung
Bronzen	Universalverdünnung
Holzimprägniermittel	Terpentinersatz
Lasuren	Terpentinersatz

Reinigen der Spritzpistole

Ist die Lackierarbeit vorbei, steht rasch und ohne Zögern die Reinigung der Pistole an; besonders, wenn die Uhr bei Zweikomponentenlack tickt. Dazu den Rest aus dem Vorratsbecher der Pistole auskippen oder verspritzen, eine kleine Dosis Verdünner nachfüllen und den Behälter leerspritzen.
Anschließend die Pistole, wie hier gezeigt, mit Verdünner reinigen. Zerlegt man das Teil komplett, kann es nicht schaden, den mechanischen Teilen im Gerät alle Jubeljahre mal ein wenig Spezialfett zu gönnen.

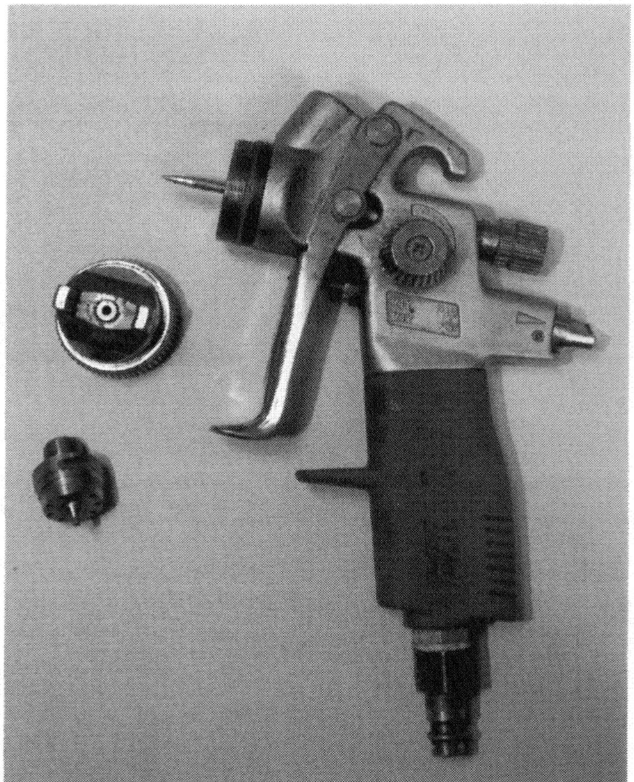

Saubermann & Co.: *Zum Reinigen wird das Gerät in alle Einzelteile zerlegt*

Die Farben der Hersteller

Das menschliche Auge unterscheidet rund zehn Millionen Farbnuancen. Wie also können wir exakt ausdrücken, welchen Farbton wir meinen? Seit 1927 sorgt RAL, das Deutsche Institut für Gütesicherung und Kennzeichnung e. V., für eine gemeinsame Sprache, wenn es um Farben im Lackbereich geht. Es wurden eine Fülle von Farben standardisiert, ihnen Nummern und Namen gegeben. Diese Standards sind weltweit für jeden verständlich und verbindlich.

Hat man seinen Traktor technisch in Ordnung gebracht, möchte man natürlich auch das äußere Erscheinungsbild so haben, wie das gute Stück vom Werk ausgeliefert wurde. Doch das ist oft gar nicht so einfach. Unten stehende Tabelle soll Ihnen helfen, für Ihren Schlepper die richtige Farbe zu finden. Natürlich handelt es sich bei den angeführten Typen und Marken lediglich um einen Auszug. Detaillierte Auskünfte finden Sie aber im Internet, z. B. bei www.oldtimer-jehle.de. Dieser Versandhändler bietet eine große Liste mit den meisten gebauten Traktoren und die zugehörigen Farben an – leider nicht in der RAL-Ton-Angabe.

Hersteller	Baujahr	Karosserie	Felgen	Zierleisten/Schriftzüge
Deutz	vor 1968	RAL 6002	RAL 3000	RAL 1037 oder RAL 1003
	ab 1968	RAL 6010	RAL 3000	Messing
	nach 1972	RAL	RAL 3000	RAL 9005
Eicher	bis 1954	75% RAL7001*	RAL 3000/3001	Metall/RAL 3000
		18% RAL 9005		
		7% RAL 1037		
	ab 1954	85% RAL 7001*	RAL 3000/3001	Metall/RAL 3000/RAL 9010
		10% RAL 5010		
		5% RAL 9005		
	ab 1965	70% RAL 7001*	RAL 3000/3001	Metall/RAL 3000/RAL 9010
		20% RAL 5010		
		10% RAL 9005		
	ab 1968	70% RAL 7001*	RAL 3000/3001	Metall/RAL 3000/RAL 9010
		30% RAL 5010		
Fahr (Rot)	alle	RAL 3000	RAL 9001	geätztes Metallschild/RAL 9010
Fahr (Grün)	alle	RAL 6011	RAL 9001	geätztes Metallschild/RAL 9010
Fendt	bis 1968	RAL 6011	RAL 3000	RAL 1037/Kühlergitter RAL 9001
Güldner (Grün)	alle	90% RAL 6011*	RAL 3000	RAL 9010/Metall
		8% RAL 5010		
		2% RAL 7001		
Güldner (Blau)		RAL 5012	RAL 3000	RAL 9010/Metall
Güldner (G-Serie Rot)		RAL 3000	RAL 3000/RAL 9001	RAL 9010
Hanomag	bis 1952	RAL 5020	RAL 3000/3001/3005	RAL 9010
	bis 1967	50% RAL 5010*		
		40% RAL 6002		
		8% RAL 7001		
		2% RAL 9010		
Hanomag (Perfekt)		65% RAL 5010*		RAL 3001/3005
		35% RAL 6002		
Hanomag (Export)		RAL 3000 oderRAL 3005		
Hanomag (Sonderlack.)		RAL 6010		
Porsche	alle	RAL 3002	RAL 1014	Metall (Silber)
John Deere	alle	RAL 6002	RAL 1021/1018	RAL 6002/9005

* Mischfarbe – die Prozentangaben sind Zirka-Angaben; vor Verwendung empfiehlt sich eine Probespritzung
Quelle: www.traktorwelt.de

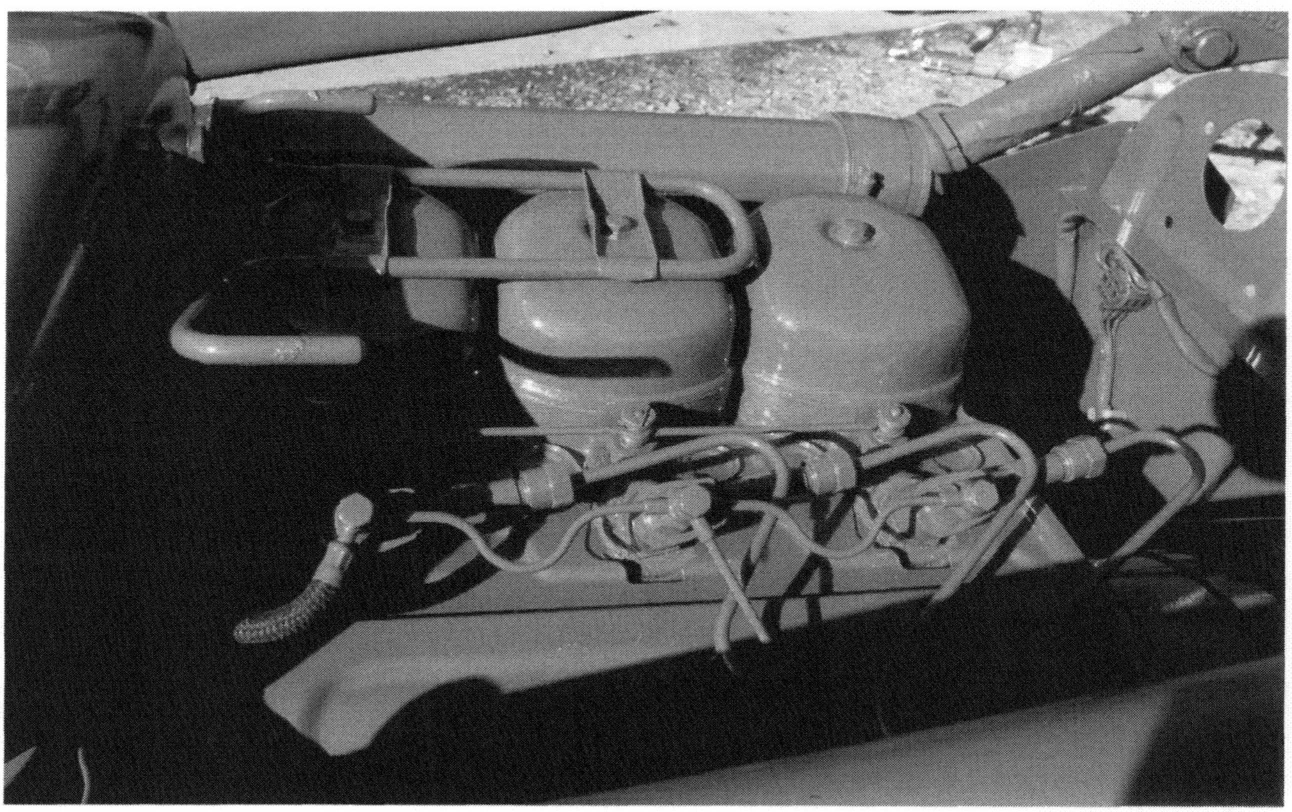

Alles voller Farbe: *Dieses Negativbeispiel zeigt, wie Sie es nicht machen sollten*

Wärmestau: *Sämtliche Leitungen und alle beweglichen Teile sind hier »angeblasen« und somit der Verschleiß vorbestimmt*

Vorarbeit muss sein: *Karosserieteile werden im abgebauten Zustand einzeln lackiert*

Sitzkomfort

Eine Sitzbank auf dem Kotflügel von Traktoren gab es in dieser Form ab Werk nicht zu bekommen. Für Mitfahrer war lediglich ein Bügel vorgesehen, an dem man sich festhalten konnte. Dennoch sieht man flächendeckend diese Sitzbänke an Traktoren aus den 60er- und 70er-Jahren.

Ihren Ursprung findet der Sozius bei von Pferden gezogenen Gummi bereiften Wagen Hier hatte man, ähnlich dem Kutschbock der Pferdekutschen, eine meist klappbare Sitzgelegenheit für den Gespannlenker geschaffen.

Findige Landmaschinenhändler – meistens waren das in der Anfangszeit Schlossereien oder Dorfschmieden, die als Händler für Landmaschinen auftraten – boten ihrer Kundschaft diese Mitfahrgelegenheit als Option an.

Ein einfaches 15 mm-Vollmaterial wurde gebogen und an den Enden für die Auflagen ausgeschmiedet und mit einem 10 mm-Bohrloch für die Befestigung versehen und wurde zusammengeschweißt. Als Auflage für die Sitzfläche diente ein jeweils links und rechts angeschweißtes Winkeleisen (25 x 25 mm). Die Sitzfläche wurde mit drei einfachen Holzlatten beplankt, die mit Schlossschrauben an den Winkeleisen befestigt wurden. Die Metallteile wurden schwarz lackiert, die Sitzfläche oft in der jeweiligen Karosseriefarbe – so hatte man mit einfachen Mitteln eine relativ sichere Mitfahrgelegenheit geschaffen.

Kein TÜV hat je die Zusatzausrüstung abgenommen – auch heute sehen die Prüfstellen keinen Anlass zur Reklamation.

Bei der Restaurierung einer solchen Sitzbank ist beim Bastler Kreativität gefragt. Je nach Möglichkeiten, kann das bis zum Exzess betrieben werden. Da hat man schon Leder gepolsterte Auflagen gesehen, ebenso Lammfellauflagen – der Kreativität sind hier keine Grenzen gesetzt.

Wir haben unsere Ausführung getreu dem Original aufgemöbelt. Die drei einfachen Tannenholzlatten wurden durch fünf Latten aus Teakholz (eigentlich sollte man heimische Hölzer verwenden) ersetzt. Zum Schutz gegen Spreißel wurden die Schnittflächen mit einem Schmiergelpapier (Körnung 80) verschliffen und die Kanten gebrochen. Auf die Lackierung haben verzichtet und stattdessen die Sägeschnitte zum Schutz gegen Wasser, mit normalem Motorenöl eingelassen – das hat man notfalls immer zur Hand.

Bei der Neumontage bitte darauf achten, dass zwischen den Auflagen und dem Kotflügel jeweils ein Stück Moosgummi oder Ähnliches dazwischengelegt wird, um Abscheuerungen des Lacks zu minimieren. Zur Sicherheit verwenden Sie zum Befestigen Maschinenschrauben (M10), Federringe und selbstsichernde Muttern.

Feinschnitt: *Neue Sitzauflage – Kreissäge macht's möglich*

Nicht sehr gastlich: *Die alte Sitzbank*

Ziemlich einladend: *Die neue Sitzbank*

Traktor-Elektrik

Das kann doch nicht die Welt sein – weit gefehlt! Obwohl sich die elektrische Anlage an Traktoren als relativ einfach darstellt, so birgt sie doch manche Probleme. Da funktionieren die Kontrolllampen im Armaturenbrett nicht, die Beleuchtung am Anhänger bringt einen fast zur Verzweiflung und überhaupt geht oft gar nichts mehr.

Batterie, Anlasser und Company

Damit der Traktor durch den Anlasser gestartet werden kann, muss der Anlasser ausreichend Power erhalten. Das sind zwischen 400 Watt (Durchdrehen des warmen Motors) und etwa 2000 Watt beim Kaltstart. Diese Startenergie bereitzustellen, ist die wichtigste Aufgabe der Batterie.

Die gängigen 12-Volt-Batterien sind aus sechs in Reihe geschalteten Zellen aufgebaut. Durch chemische Prozesse produziert die Batterie elektrische Energie und speichert sie im Rahmen ihrer Kapazität. Beim Laden wird elektrische in chemische, bei der Stromabgabe chemische in elektrische Energie umgewandelt. Dabei setzt die Blei-Säure-Batterie Gase frei, die über Rohr und Schlauch zentral abgeführt werden. Der Schlauch muss stets knickfrei verlegt und darf nicht abgeklemmt werden! In der Batterie, für die bestimmte Warnhinweise gelten, verhindert ein Rückzündungsschutz die Zündung des brennbaren Gases.

Die Lichmaschine, die vom Motor über einen Keilriemen angetrieben wird, versorgt schon bei Motorleerlauf alle elektrischen Aggregate mit Strom und lädt ständig die Batterie auf.

Je schneller die Lichtmaschine dreht, umso höher steigt die Spannung. Ein Regler schützt vor Überspannungen und verhindert ein Überladen der Batterie. Er reguliert die Betriebsspannung je nach Temperatur

Servicefreundlich: *Die Batterie zum Ausschwenken*

Grundbegriffe der Elektrik

WISSENSWERTES

Spannung (Volt): Vergleichbar mit dem Druck in einer Wasserleitung. Je größer der Druck, umso schärfer der Strahl. Autos benutzen derzeit ein 12 Volt-Bordnetz, in naher Zukunft wird die Voltzahl wohl deutlich erhöht. Besonders hohe Spannungen werden in Zündanlagen bereitgestellt. Bis zu 40 000 Volt sorgen dafür, das der Strom auch größere Distanzen überspringen kann. Im Grunde soll er das aber nur an der Zündkerze, weshalb alle spannungsführenden Teile gut isoliert sind.

Stromstärke (Ampere): Vergleichbar mit der Durchflussmenge am Wasserhahn. Neben der Spannung, die zu Stromüberschlägen führen kann, ist die Stromstärke das eigentlich Gefährliche am Strom. Wird dicht an der Stromquelle einen Kurzschluss verursacht, fließt maximaler Strom. Vergleichbar einem Wasserrohrbruch, der eine ganze Straße unter Wasser setzen kann.

Leistung (Watt): Das Produkt aus Spannung und Strom gibt an, welche elektrische Arbeit ein Verbraucher abgibt beziehungsweise aufnimmt. Das hängt wiederum von dessen Widerstand ab. Bildlich gesprochen: Der wenig geöffnete Wasserhahn kann bei hohem Druck die gleiche Menge abgeben wie ein voll geöffneter Hahn bei geringem Druck. Wieviel entnommen werden soll, bestimmt allein der Verbraucher und dessen Aufnahmefähigkeit.

Widerstand (Ohm): Fließt der Strom ungehindert, ist der Widerstand 0. Bei einer Unterbrechung des Stromkreises dagegen unendlich. Jeder Verbraucher bietet normalerweise einen gewissen Widerstand, wenn auch zum Teil einen sehr geringen.

Kurzschluss: Wenn Sie zum Beispiel mit einem Schraubenschlüssel beide Batteriepole verbinden, kann durch den massiven Stahl fast unendlich Strom fließen. Das schweißt sogar den Schlüssel an den Polen fest! Vor Kurzschlüssen im Bornetz schützen Schmelzsicherung mit ihrer dünnen Drahtbrücke. Dieser Draht ist das genau definierte schwächste Glied im Stromkreis und brennt bei Überlastung durch. Der Stromfluss wird somit unterbrochen und weiterer Schaden vermieden.

Ersetzt die Kurbel: *Der Anlasser mit Magnetschalter*

WISSENSWERTES: Kennzeichnung der Batterie

Die Kennzeichnung der Batterie befindet sich auf dem Gehäuse und bezeichnet ihre Eigenschaften. Beispiel: 12 V 280 A 70 Ah (12V = Nennspannung; 280A = Kälteprüfstrom; 70Ah = Nennkapazität).

Nennspannung: Beträgt bei allen Modellen 12 V (Volt). Die tatsächliche Spannung hängt allerdings vom Ladezustand der Batterie ab. Sie kann größer oder kleiner sein als die Nennspannung.

Nennkapazität: Speichervermögen einer Batterie, gemessen in Amperestunden (Ah). Sie gibt an, wie viel eine voll geladene Batterie bei einer Temperatur von 27°C in 20 Stunden abgeben kann, ohne dass dabei die Spannung unter 10,5 Volt absinkt (Entladeschlussspannung).

Kälteprüfstrom: Ein definierter Entladestrom in Ampere (A), der einer 12-Volt-Batterie bei -18°C entnommen werden kann, ohne dass die Spannung in 30 Sekunden unter 9 V, in 150 Sekunden unter 6 V absinkt.

Selbstentladung: Chemische Vorgänge im Inneren der Batterie führen zur Entladung, auch wenn kein Verbraucher angeschlossen ist. Eine Starterbatterie verliert täglich etwa 0,5 Prozent ihrer Ladung. Hohe Temperaturen, Beschädigungen und Verschmutzungen des Batteriedeckels beschleunigen die Selbstentladung.

von Batterie und Umgebung auf Werte zwischen 13,8 und 14,5 Volt im so genannten 14-Volt-Toleranzfeld.
Das Fahrzeug ist mit einem Schub-Schraubtrieb-Anlasser ausgestattet. Auf dem eigentlichen Anlasser sitzt der Magnetschalter mit den Anschlüssen eines dicken Pluskabels von der Batterie und einem dünneren Kabel vom Zündschalter.
Beim Starten wird Spannung an die Halte- und Einzugswicklungen des Einrückrelais (Magnetschalter) gelegt. Der Relaisanker zieht den Einrückhebel an. Dieser schiebt den Mitnehmer mit dem Zahnritzel gegen den Zahnkranz des Motorschwungrads. Wenn das Ritzel bis zum Ende des Schubweges eingespurt ist, wird der Startermotor eingeschaltet. Der Starteranker schraubt das Ritzel bis zum Anschlagring der Ankerwelle in den Zahnkranz hinein. Die Einzugswicklung ist kurzgeschlossen, die Haltewicklung hält den Relaisanker durchgedreht.
Wenn der Motor angesprungen ist, wird die kraftschlüssige Verbindung zwischen Ritzel und Ankerwelle gelöst, das Ritzel bleibt aber im Eingriff. Beim Loslassen des Startschalters gehen Einrückhebel, Mitnehmer und Ritzel durch eine Rückstellfeder in die Ruhestellung zurück. Dort bleibt das Ritzel bis zum nächsten Startvorgang.

Kauf und Entsorgung von Batterien

Beim Kauf kann eine alte Batterie zurückgegeben oder ein Pfand gezahlt werden. Haben Sie für die alte Batterie bereits Pfand gezahlt, erhalten Sie dort, wo Sie sie gekauft haben, gegen Vorlage der Quittung Ihr Pfandgeld zurück. Geben Sie beim Kauf der neuen Batterie eine alte zurück, für die Sie noch kein Pfand entrichtet haben, ist es egal, wo Sie sie kauften. Ein Pfand für die neue Batterie entfällt aber auch in diesem Fall. Eine ausgediente Blei-Batterie muss beim Hersteller, in der Verkaufsstelle oder beim Altmetallhändler abgegeben werden. Dort ist man verpflichtet, die Alt-Akkus unentgeltlich abzunehmen.
Eine weitere Möglichket, die ausgebrauchten Batterien zu entsorgen, bieten die meisten Recyclinghöfe der Kommunen an. Dort werden aber je nach Gebührensatzung Kosten fällig. In manchen Gemeinden kommt in regelmäßigen Abständen ein Schadstoffmobil, dort kann kostenfrei entsorgt werden.

Batterie pflegen und Spannung messen

■ Oxidkristalle an Batterieklemmen mit warmem Sodawasser abwaschen oder mit Säurewandler Neutralon behandeln

■ Batteriepole leicht mit Batteriepolfett einfetten

■ Die Batterie-Polklemmen dürfen nur gewaltfrei von Hand aufgesteckt werden, um das Gehäuse nicht zu beschädigen

■ Dannach die Polklemmen leicht anziehen

■ Immer zuerst Minuspol ab- und Pluspol anklemmen! Erst wenn die Pluspolklemme befestigt ist, darf die Minuspolklemme (Masseband) auf den Minuspol der Batterie gesteckt werden

■ Eventuell die Pole mit Kunststoffkappe schützen

■ Verpolung und Kurzschlüsse vermeiden!

■ Wenn die Batterie längere Zeit im abgestellten Fahrzeug verbleibt, sollte der Minuspol abgeklemmt werden

Die Werte der Ruhespannung geben Aufschluss über den Ladezustand der Batterie. Es muss ein hochgenau anzeigendes Multimeter (Anzeigegenauigkeit ± 0,02 Volt) benutzt werden. Die Batterie darf mindestens zwei Stunden vor der Messung nicht geladen und nicht durch angeschlossene Verbraucher belastet worden sein

■ Zündung ausschalten, alle Stromverbraucher ausschalten. Minuskabel der Batterie wie beschrieben abklemmen. Voltmeter zur Messung an die Batteriepole anschließen. Die Spannungsmessung zwischen den Polklemmen mehrfach wiederholen!

■ Zeigt das Messgerät 12,5 Volt oder darüber an, ist die Batterie in Ordnung. Die folgende Tabelle verdeutlicht das Verhältnis von Ruhespannung und Batteriezustand:

Spannung(V)	12,66	12,48	12,3
Zustand der Batterie	100 % geladen	75 % geladen	50% entladen

■ Unterschreitet nach Auffüllen der Batteriesäure und Aufladen der Batterie die Ruhespannung immer noch den Wert von 12,5 V, sollte die Batterie ersetzt werden.

Powerpack: *Batterien sollten immer geladen sein*

Ladezustand und Kapazität der Batterie prüfen

Die Säuredichte verrät sehr genau, was im Inneren der Batterie vor sich geht. Je höher die Dichte umso besser.

■ Diese Messung an Blei-Säure-Batterien frühestens sechs Stunden nach dem Aufladen durchführen. Schrauben sie alle Verschlussstopfen heraus.

■ Tauchen Sie einen Säureheber senkrecht in die Batteriezelle. Dann so viel Batteriesäure ansaugen, bis die Messspindel frei in der Säure schwimmt. Je höher die Säuredichte, desto mehr taucht der Schwimmer auf. Lesen Sie die Säuredichte (kg pro Kubikdezimeter/Liter) ab. Vergleichen Sie den abgelesenen Messwert mit den Werten in der Tabelle:

Säuredichte in kg/dm³ und Ladezustand

Dichte	1,28	1,20	1,12
Ladezustand	gut	halb	entladen

■ Die Säuredichte muss mindestens 1,24 kg/dm³ (kg/l) betragen. Ferner dürfen die Messwerte für die Säuredichte der einzelnen Batteriezellen nicht mehr als 0,03 kg/l voneinander abweichen. Ist die Dichte zu gering: Batterie laden und Säuredichteprüfung wiederholen.

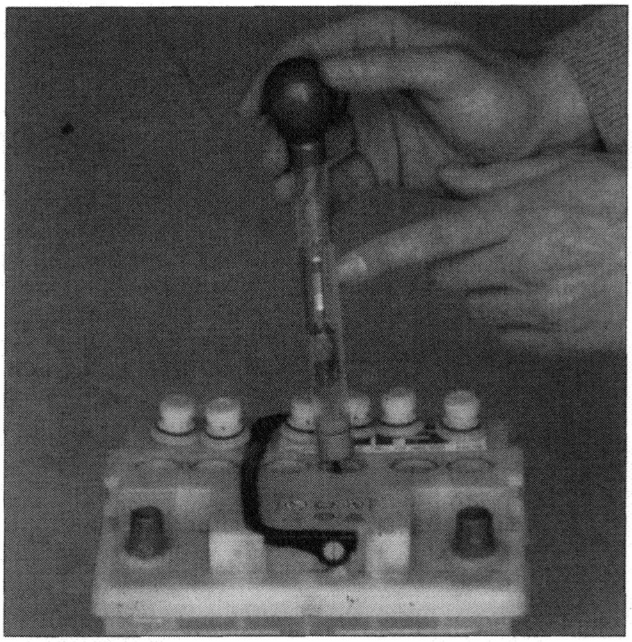

Ein Säureheber sieht aus wie das Gerät zur Prüfung des Frostschutzgehalts und gibt einen ersten Zustandsbericht

PRAXISTIPP: Belastungstest

Eine Belastungsprüfung gibt Hinweise zum Zustand der Batterie. Dazu wird ein Tester verwendet. Die Batterie muss nicht ausgebaut und auch nicht abgeklemmt werden. Zündung und alle elektrischen Verbraucher ausschalten. Prüfleitungen an die Batteriepole anschließen.

Batteriekapazität		Mindeststrom	Mindestspannung
36 Ah	(175 A)	100 A	10,4 V
40-49 Ah	(220 A)	200 A	9,2 V
50-60 Ah	(265-280 A)	200 A	9,4 V
61-80 Ah	(300-380 A)	300 A	9,0 V
81-110 Ah	(380-500 A)	300 A	9,5 V

Durch die starke Belastung der Batterie während dieser Prüfung sinkt die Batteriespannung bis zur Mindestspannung. Ist die Batterie defekt oder nur schwach geladen, sinkt die Spannung sehr schnell unter den Mindestwert und steigt nur langsam wieder an. Der Tester zeigt verschiedene Informationen zum Batteriezustand an:

■ *Batterie gut:* Keine Maßnahmen erforderlich.

■ *Batterie gut und nachladen:* Batterie durch mehrmaliges Starten nochmals belasten, wieder prüfen. Dann nachladen.

■ *Laden und erneut testen:* Die Batterie kann nicht bewertet werden. Sie muss vollständig aufgeladen und nochmals geprüft werden.

■ *Batterie wechseln oder Zellenschluss:* Die Batterie muss erneuert werden.

■ *Spannung zu hoch, bitte Batterie konditionieren:* Diese Meldung erscheint nur in Ausnahmefällen. Dann muss die Batterie für etwa 1 Minute z. B. durch Einschalten des Fahrlichts belastet werden. Dann die Batterie 5 Minuten ohne Belastung ruhen lassen und die Prüfung erneut durchführen.

Wurde die Batterie nach der Prüfung geladen, muss die Oberflächenspannung abgebaut werden: Bei eingebauter Batterie Fahrlicht für 1 Minute einschalten, an eine ausgebaute Batterie für 1 Minute zwei Glühlampen zur Belastung anschalten.

Batterie ausbauen

Bei Traktoren können bedenkenlos Batterien mit offenen Zellen verwendet werden. Die Batterie ist durch ihre Lage meist Umwelteinflüssen ausgesetzt und braucht dementsprechend Pflege. Daher sollte die Batterie einmal im Jahr, am besten im Frühjahr, ausgebaut und gereinigt werden.

- Zuerst Minuspol (A) lösen und Klemme ganz abziehen
- Dann Pluspol (B) lösen und abziehen
- Schrauben vom Halter der Batterie herausdrehen und Halter ganz entfernen
- Batterie vorsichtig herausnehmen und das Gehäuse und die Pole gründlich reinigen
- Beim Einbau die Klemmen ansetzen (Pluspol zuerst), nur leicht anziehen

GEFAHRENHINWEIS

Batterien

Beachten Sie beim Umgang mit Blei-Säure-Batterien folgende Sicherheitsvorschriften:
– Feuer, Funken, offenes Licht und Rauchen sind verboten.
– Vermeiden Sie Funkenbildung durch elektrostatische Entladungen und Kurzschlüsse (keine Werkzeuge auf der Batterie ablegen!).
– Vor dem Aus- und Einbau von Blei-Säure-Batterien müssen alle schaltbaren Stromverbraucher sowie der Motor ausgeschaltet werden, damit eine Funkenbildung ausgeschlossen ist.
– Aufgrund der Verätzungsgefahr tragen Sie unbedingt eine geeignete Brille zum Schutz der Augen und Schutzhandschuhe. Batterie auch nicht kippen!
– Ladegerät erst nach dem Anschließen an die Batteriepole einschalten, vor dem Abklemmen ausschalten.
– Beim Laden von Batterien entsteht hochexplosives Knallgasgemisch: Es besteht daher Explosionsgefahr! Bei erforderlichem Schnellladen darf sich das Gehäuse nicht über 55 °C erwärmen.

***Höchste Zeit:** So weit sollten Sie es gar nicht kommen lassen*

Batterie laden

■ Zündung und alle elektrischen Verbraucher ausschalten. Die Batterie muss eine Temperatur von mindestens 10° C haben. Plusleitung des ausgeschalteten Ladegerätes an den Pluspol der Batterie, Minusleitung an Batterie-Minuspol anschließen.

■ Vorsicht bei tiefentladenen Batterien! Ist die Ruhespannung unter 11,6 V abgesunken, besteht die Batteriesäure fast nur noch aus Wasser, der Schwefelsäureanteil ist stark reduziert. Daher können völlig leere Batterien bei Frost einfrieren und platzen. Auch wenn sie nicht platzen, dürfen gefrorene Batterien nicht mehr verwendet werden!

■ Ladestrom am Batterieladegerät entsprechend der Batteriekapazität einstellen. Maximale Ladespannung: 14,4 V. Ladegerät einschalten. Schnellladen vermeiden, die Batterien werden dadurch geschädigt. Tiefentladene Batterien werden von Ladegeräten automatisch erkannt. Dann lädt das Gerät zunächst schonend mit niedrigem Ladestrom. Die Zellverschlussstopfen während des Ladens nicht öffnen!

■ Voltmeter an Plus-Klemme der Lichtmaschine und Minus (Masse) anschließen. Wahlweise an den Polen der Batterie, das ist allerdings weniger genau.

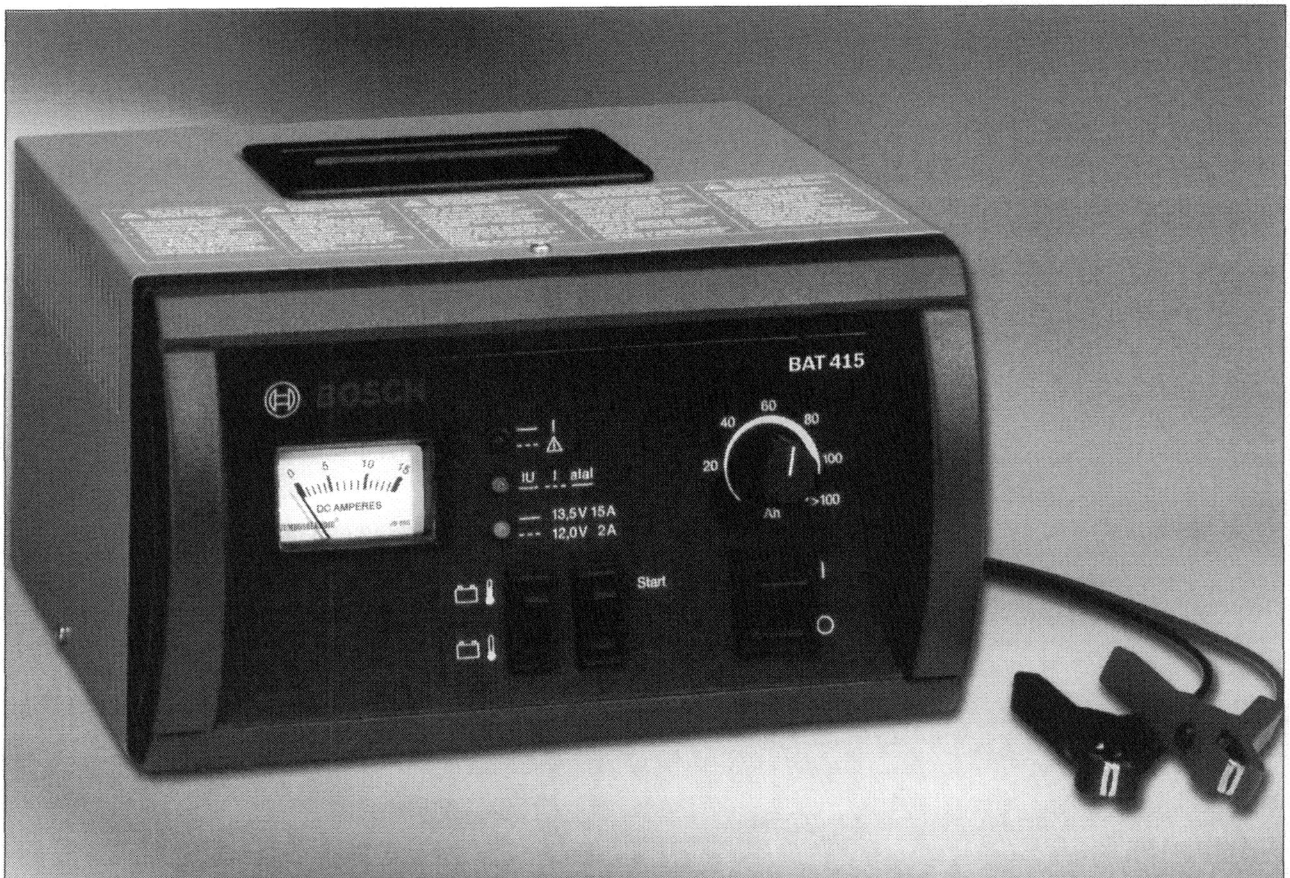

Sinnvolle Investition: *Sparen Sie nicht bei der Anschaffung eines Ladegeräts*

Frontscheinwerfer

Der Lampenwechsel an den Frontscheinwerfern ist beim Traktor relativ einfach.

- Frontrahmen des Scheinwerfers aufschrauben
- Haltebügel der Birne umklappen
- Bilux-Birne aus dem Spiegel nehmen
- Pole reinigen
- Birne ggfs. austauschen
- Einbau in umgekehrter Reihenfolge – darauf achten, dass die Dichtung zwischen Lampenkopf und Glas richtig sitzt

Rückleuchten

In den Rückleuchten sind in der Regel zwei Birnchen untergebracht. Oben befindet sich das Rücklicht (rote Glashälfte und unten das Blinklicht (gelbe Glashälfte).

- Glasabdeckung mit einem Schraubendreher aufschrauben
- Birne herausnehmen, dabei Glas nicht berühren (mit Stofftaschentuch festhalten)
- Pole reinigen
- Birne ggfs. austauschen
- Einbau in umgekehrter Reihenfolge – darauf achten, dass die Dichtung zwischen Leuchte und Glas richtig sitzt

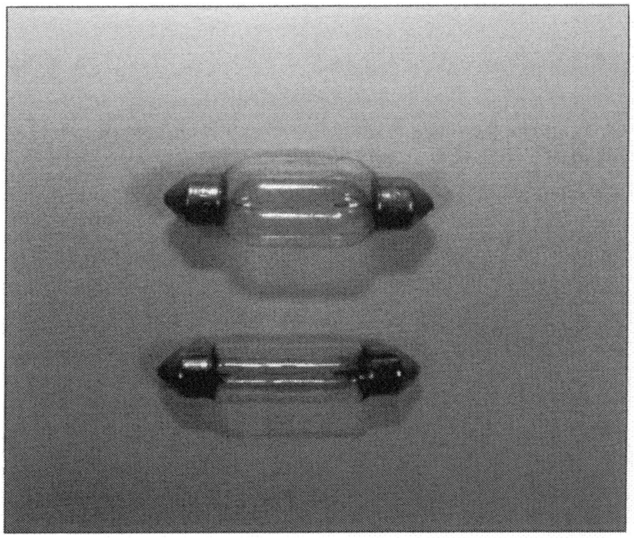

Frontscheinwerfer einstellen

Zur Einstellung der Scheinwerfer wird der Traktor auf einer ebenen Fläche, die nicht waagerecht zu sein braucht, in einer Entfernung von fünf Metern vor einer senkrechten »Prüffläche« aufgestellt und das Abblendlicht eingeschaltet. Mit Hilfe der Einstelleinrichtung (1), mit der jeder Scheinwerfer versehen ist, werden beide Scheinwerfer so eingerichtet, dass ihre Hell-Dunkel-Grenzen auf der Prüffläche eine horizontale Linie bilden, die fünf Zentimeter tiefer liegt als die Scheinwerfermitte »H«.
Dann wird auf Fernlicht umgeschaltet. Die Scheinwerfer werden nun bei Traktoren parallel zur Fahrzeug-Mittelebene seitlich so ausgerichtet, dass der Abstand der Lichtbündelmitten auf der »Prüffläche« dem Abstand der Scheinwerfer »A« entspricht. Einstelleirichtung gut festziehen.

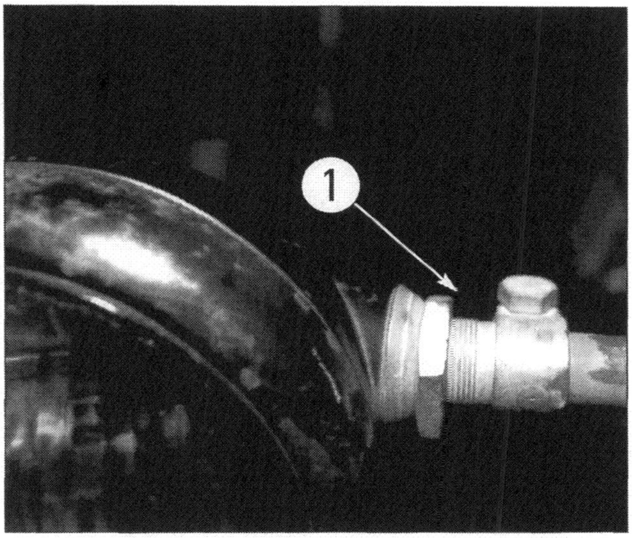

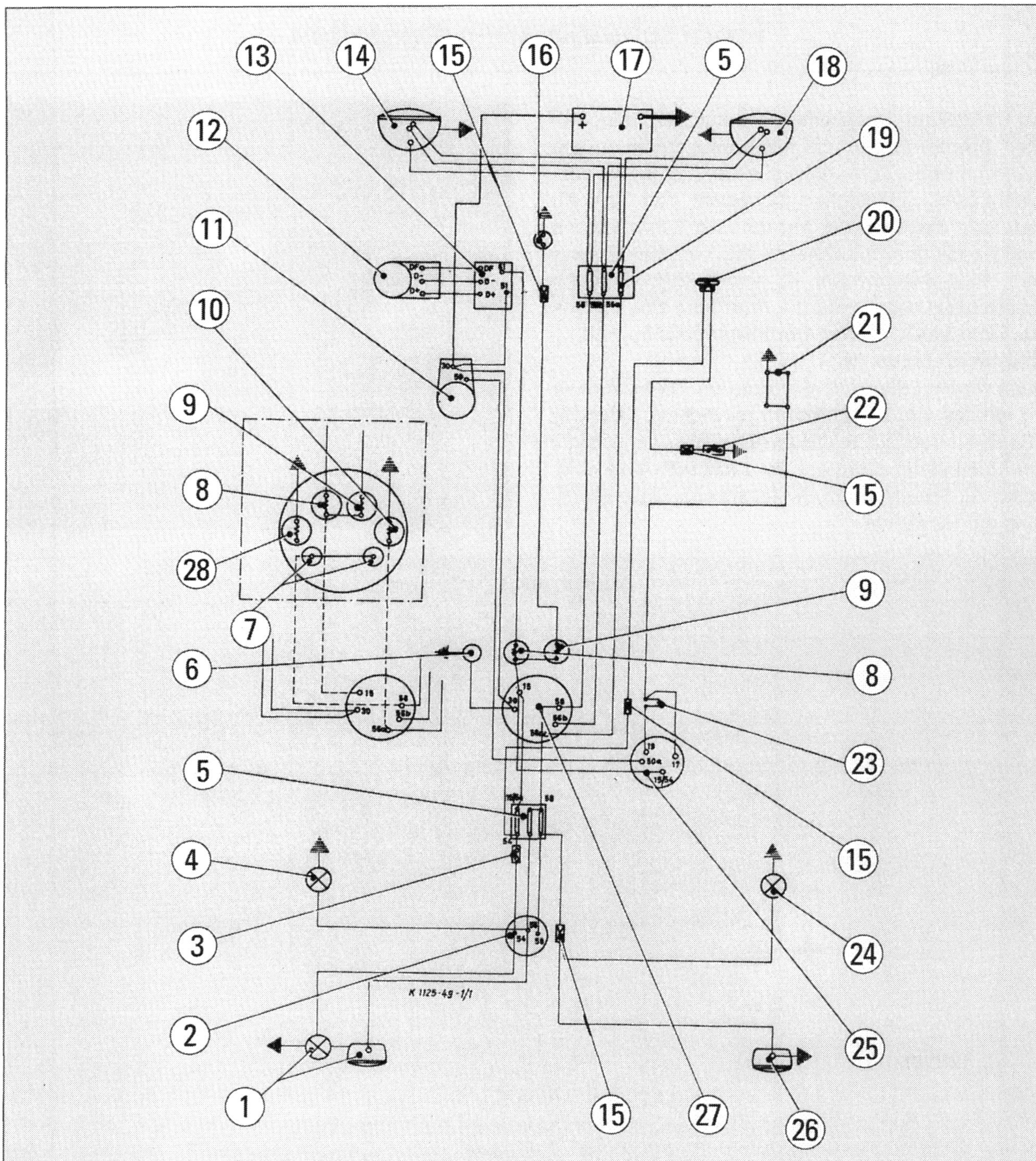

Musterschaltplan: *(1) Schlussleuchte, (2) Anhänger-Steckdose, (3) Bremslichtschalter, (4) Begrenzungsleuchte links, (5) Sicherungsdose, (6) Steckdose, (7) Traktormeterbeleuchtung, (8) Ladekontrolllampe, (9) Ölkontrolle, (10) Fernlichtkontrolle, (11) Anlasser, (12) Lichtmaschine, (13) Regler, (14) Scheinwerfer links, (15) Leitungsverbinder, (16) Öldruckschalter, (17) Batterie, (18) Scheinwerfer rechts, (19) Schmelzeinsatz, (20) Hupe, (21) Glühkerzen, (22) Hupendruckknopf, (23) Glühüberwacher, (24) Begrenzungsleuchte rechts, (25) Glüh-Anlassschalter, (26) Schlusslicht rechts, (27) Schaltkasten, (28) Kontrollleuchte für Blinklicht, falls vorhanden*

Blinker

STÖRUNGSBEISTAND

Störung	Was kann das sein?	Was muss ich tun?
A Blinker zu schnell	**1** Leuchte ausgefallen	von außen prüfen, Birne ersetzen
B Blinker geht nicht	**1** Blinkrelais defekt	fühlen, ob Relais schaltet, ersetzen
C Blinker nur in eine Richtung	**1** Blinkerschalter defekt	ersetzen

Hupe

STÖRUNGSBEISTAND

Störung	Was kann das sein?	Was muss ich tun?
A Hupe geht nicht	**1** Sicherung	ersetzen
	2 Hupe defekt	Widerstand messen
	3 Kabelbruch	Versorgungsspannung messen
	4 Massefehler	Masse prüfen, reinigen

Leuchtmittel an Traktoren

Leuchte	Stärke	Farbe
Standlicht	5 W	Weiß
Abblendlicht	35 W	Weiß
Fernlicht	35 W	Weiß
Blinker (vorne)	18 W	Weiß
Blinker (hinten)	18 W	Weiß
Rücklicht	10 W	Weiß
Kennz.-Beleuchtung	5 W	Weiß

ALLGAIER

Begriffe aus der Traktorwelt

A

Abblendlicht
Das Abblendlicht dient zur Sicht in der näheren Entfernung bei Nacht. An der Fahrbahnmitte sollte es ca. 60 m, am rechten Fahrbahnrand 100 m ausleuchten. Ältere Schlepper sind manchmal nur mit Abblendlicht ausgerüstet, hier wird dieses dann Fahrlicht genannt.

ABE
ABE ist die allgemeine Abkürzung für Allgemeine Betriebserlaubnis. Diese ist eigentlich für jedes Fahrzeug, das im Straßenverkehr bewegt wird, nötig.

Abgasturbolader
siehe Turbolader

Abrollumfang
Der Abrollumfang ist der Umfang des Reifens bei höchster Nutzlast und dem entsprechenden Reifendruck bei einer Umdrehung.

Absteller
Dient zum Abstellen des Motors. Siehe auch Dekompressionshebel.

Achsschenkel
Teil der Vorderachse beim Schlepper oder anderer Lenkungen, z.B. Achschenkellenkung bei Anhängern. Am Achsschenkel ist unten meist die Radnabe befestigt. Oben befindet sich eine Keilnut oder Verzahnung, um den Lenkhebel aufzunehmen.

Ackerschiene
Wird zwischen den beiden Unterlenkern eingehängt. Man kann damit bestimmte Anhängegeräte ziehen, z. B. eine Heupresse, oder sie auch nur dazu verwenden, dass die Unterlenker nicht all zu sehr hin- und herklappern. Bei Oldtimern ohne Hydraulik findet man auch öfter eine starre Ackerschiene mit derselben Aufgabe.
Die Ackerschiene wird auch manchmal als Anhängeschiene bezeichnet.

Ackerschlepper
Siehe Traktor/Trecker/Schlepper

Akkumulator
Veralteter Ausdruck für Batterie

Allgemeine Betriebserlaubnis
Kurz ABE

Allradachse
Als Allradachse wird die vordere Triebachse eines Allradschlepper bezeichnet.

Allradschlepper
Der Allradschlepper besitzt 2 angetriebene Achsen(Triebachse). Sein Vorteil gegenüber dem Hinterradschlepper ist eine Erhöhung der Zugkraft.

Allradtraktor
Siehe Allradschlepper

Anhängegewicht
Das Anhängegewicht wird in die Dreipunktkupplung des Schleppers gehängt. Zur Verwendung kommen Eisen- Guss- oder Betongewichte, oft Eigenkonstruktionen. Siehe auch Zusatzgewicht

Anhängeschiene
Siehe Ackerschiene

Anlasser
Der Anlasser, auch Starter genannt, dient zum Anlassen des Motors im Schlepper. Es wird heute meist ein elektrischer Anlasser eingebaut. In Kleingeräten findet man auch einen Reservierstarter oder einen Kickstarter.

Anlasserzahnkranz
Anlasserzahnkranz nennt man den Zahnkranz, der auf ein Teil des Motors geflanscht oder geschrumpft ist. In ihn greifen die Zähne des Anlasserritzels vom Anlasser.

Ansaugtakt
Im Ansaugtakt gleitet der Kolben im Zylinder nach unten, das Einlassventil ist bereits kurz vor OT geöffnet. Das hat zur Folge, dass Luft bzw. Benzinluftgemisch bei Saugmotoren einströmt. Das Auslassventil ist geschlossen.

Arbeitstakt
Kurz vor der Zündung steht der Kolben knapp vor OT. Das Benzin-Luftgemisch wird durch einen Funken bzw. der Diesel durch die Temperatur der Verdichtung zur Explosion gebracht. Die Wirkung der Explosion hat zur Folge, dass der Kolben nach unten getrieben wird.
Beide Ventile sind bis kurz vor UT geschlossen.

Auslassventil
Das Auslassventil öffnet bereits vor UT, um eine gewisse Spülwirkung zu erzeugen.

atü
Veraltete Druckeinheit für Luftdruck. Siehe auch bar.

Aufstandsfläche
Als Aufstandsfläche wird die Berührungsfläche der Bereifung mit dem Boden bezeichnet. Je breiter die Bereifung und je weniger Reifenfülldruck, umso grö-

ßer wird die Aufstandfläche.
Siehe auch Schlupf.

Ausgleichsgetriebe
Das Ausgleichsgetriebe gleicht unterschiedliche Drehzahlen beim Kurvenfahren des kurvenäußeren und des kurveninneren Rades aus. Bei Geradeausfahrt und gleichmäßigem Untergrund verteilt das Ausgleichsgetriebe die Kraft gleichmäßig auf beide Seiten. Die Wirkung des Ausgleichsgetriebe wird durch die Differenzialsperre aufgehoben. Siehe auch Schlupf

Auslassventil
Bauteil des Motors. Sitzt im Zylinderkopf, öffnet kurz vor UT im Arbeitstakt und schließt kurz nach OT im Ansaugtakt. Durch seine Öffnung entweicht die verbrauchte Luft aus dem Zylinderraum. Siehe auch Einlassventil 4-Taktmotor

Ausstoßtakt
Im Ausstoßtakt wird durch das nach oben Gleiten des Kolbens die verbrannte Luft ausgestoßen.

Axialgebläse
Bei der Axialgebläsekühlung gibt es nur ein Gebläse, was alle Zylinder mit Kühlluft versorgt.

B

Ballastgewicht
Siehe Zusatzgewicht

bar
Druckeinheit für Luftdruck; 1 bar = 100 000 Pascal

Batterie
Dient zur Speicherung elektrischer Energie im Schlepper

Bereifung.
Allgemeiner Oberbegriff für Räder und Reifen, meist auf ein ganzes Fahrzeug gesehen.

Bowdenzug
Ein in einer flexiblen Hülle geführtes Seil, meist aus Metall, um kurze lineare Kräfte und Bewegungen zu übertragen.

Bremse
Dient zum Verlangsamen oder Blockieren von Fahrzeugen, Maschinen oder Geräten.

Bulldog
Umgangssprachlich für Schlepper/Traktor/Zugmaschine, meist in Süddeutschland verwendet. Norddeutschland: Trecker
Der Name entstand eigentlich durch die Typenbezeichnung der Fa. Heinrich Lanz für ihren Schlepper.

C

Centanzahl
Wert zur Angabe der Zündwilligkeit von Diesel im Gegensatz zur Oktanzahl bei Benzin.

D

Dekompressionshebel
Mit dem Dekompressionshebel wird das Auslassventil im Motor gedrückt, damit der Motor ohne Kompression durchgedreht werden kann. Dient bei manchen alten Schleppern als Absteller. Siehe auch Dekompressionsventil.

Dekompressionsventil
Separates, im Zylinderkopf eingebautes Ventil, um den Kompressionsdruck entweichen zu lassen, um den Motor leichter duchzudrehen. Dient als Starthilfe. Sollte nicht als Absteller verwendet werden. Siehe auch Dekompressionshebel.

Differentialsperre
Die Differenzialsperre blockiert das Ausgleichsgetriebe einer angetriebenen Achse und verteilt die Kraft gleichmäßig auf beide Räder. Siehe auch Selbstsperrdifferential.

Doppelkupplung
Kupplung mit 2 unabhängig voneinander, hintereinander angeordneten Kupplungsscheiben. Eine dient zum Fahrbetrieb, die andere der Zapfwellenschaltung.

Doppelmessermähwerk
Zwei mit Messerklingen besetzte Balken laufen gegenläufig zueinander. Siehe auch Seitenmähwerk/Einzelmessermähwerk.

Drehzahl
Ist die Anzahl der Umdrehungen, die eine Welle macht. Die Drehzahl wird in Umdrehung/Minute (1/min) angegeben.

Dreipunkt
Siehe Dreipunktkupplung

Dreipunktkupplung
Die Dreipunktkupplung ist die für landwirtschaftliche Geräte am häufigsten verwendete Anhängung mittels Unterlenker, Oberlenker und Hydraulikaggregaten.

E

EHR
Abkürzung für elektronische Hubwerkregelung. Sie übernimmt elektrisch die Aufgaben der früheren mechanischen Regelhydraulik.

Einhängegewicht
Von Schlepperherstellern angebotene Metallgewichte, die an der Schlepperfront an einer Halteplatte in beliebiger Anzahl befestigt werden. Siehe auch Zusatzgewicht

Einlassventil
Bauteil des Motors. Sitzt im Zylinderkopf, öffnet kurz vor OT im Auspufftakt und schließt kurz nach UT im Verdichtungstakt. Durch seine Öffnung strömt die Frischluft in den Verbrennungsraum des Motors. Siehe auch 4-Taktmotor

Einphasenkuppler
Als Einphasenkuppler wird z.B. das Weistedreieck bezeichnet. Ein Einphasenkuppler erfordert zum Anhängen eines Gerätes im Prinzip kein Absteigen vom Schlepper mehr. Die Entwicklung dieser Systeme ist mittlerweilen so weit, dass sogar Gelenkwelle, Beleuchtung und Hydraulikversorgung ohne Absteigen erfolgen können.

Einzelmessermähwerk
Ein mit Messerklingen besetzter Balken bewegt sich über eine feststehende Gegenschneide. Siehe auch Doppelmessermähwerk, Seitenmähwerk

F

Fahrlicht
Siehe Abblendlicht

Fahrzeuggewicht
Das Fahrzeuggewicht bezieht sich auf das tatsächliche Gewicht des Fahrzeugs und setzt sich aus Eigengewicht + Zusatzgewicht zusammen.

Fanghacken
Siehe Fangtaschen

Fangtaschen
Fangtaschen sind Bestandteile des am häufigsten verwendeten Schnellkuppelsystems im Schlepperbereich. Sie befinden sich an der hinteren Seite der Unterlenker und nehmen beim Kuppelvorgang die geräteseitig montierten Schnellkuppelkugeln auf.

Flammglühkerze
Die Flammglühkerze ist eine Vorglüheinrichtung von Motoren. Die Flammglühkerze ist im Ansaugrohr eines Motors eingebaut und erwärmt durch Verbrennen von Diesel die Ansaugluft. Siehe auch Vorglühanlage

Flüssigkeitskupplung
Siehe Turbokupplung

Fronthydraulik
Eine an der Frontseite des Schleppers zu findende Dreipunktkupplung zum Geräteanbau.

Fronttriebachse
Siehe Allradachse

Föttingerkupplung
Siehe Turbokupplung

G

Gelenkwelle
Bauteil, um Kräfte an Geräte oder Allradachse weiterzugeben.
Es gibt Bauformen mit 2 oder für größere Knickwinkel bis zu 80 Grad mit 4 Kreuzgelenken. Im Sprachgebrauch wird die Gelenkwelle oft fälschlich als Zapfwelle bezeichnet.

Getriebe
Ein Getriebe dient zur Kraftübertragung bzw. Geschwindigkeitsänderung. Siehe auch Schaltgetriebe

Glühkerze
Die Glühkerze ragt direkt in die Vorkammer bzw. in den Verbrennungsraum des Motors und ist wie eine Glühlampe aufgebaut, ihr glühender Wendel dient als Kaltstarthilfe.

Glysantin
Chemische Flüssigkeit, die dem Kühlwasser zugesetzt wird, um ein Einfrieren im Winter vorzubeugen. Enthält außerdem meist Zusätze gegen Ablagerungen im Kühlsystem und Korrosion.

Großer Kühlkreislauf
Der große Kühlkreislauf umfasst das ganze Kühlsystem des Motors. Die Wasserpumpe pumpt das warme Wasser vom Motorblock in den Kühler, um dieses abzukühlen. Siehe auch kleiner Kühlkreislauf

H

Halbkabine
Die Planen des Verdecks sind bei der Halbkabine durch feste Materialien wie Plexiglas oder Blech ersetzt.

Heckballast
Gewichtserhöhung im hintern Schlepperbereich, durch Anhängegewicht für die Heckhydraulik, Radgewichte oder Wasserfüllung der Reifen, das als Gegengewicht für Frontladerarbeiten genutzt wird.

Heckhydraulik
Eine am Schlepperheck befindliche Dreipunktkupplung zum Geräteanbau.

Hitsch
Hydraulische Anhängekupplung für Untenanhängung von Einachseranhängern. Dient einem besseren Achsdruck und somit einer besseren Zugkraft. In Deutschland wenig verbreitet.
Hubarm
Die Hubarme übertragen die Bewegung des/der Hubkolben der Hydraulik der Dreipunktkupplung auf die Hubstrebe.
Hubstrebe
Die Hubstrebe verbindet die Unterlenker mit den Hubarmen der Hydraulik. Sie sind meist höhenverstellbar.
Hubwerksregelung
Siehe EHR und Regelhydraulik
Hydrodynamische Kupplung
Siehe Turbokupplung

I

Istwert
Ist der Wert, der von einem Sensor gemessen wird.

K

Kaltstart
Beim Kaltstart hat der Motor seine Betriebstemperatur noch nicht erreicht. Hier ist der Verschleiß höher als im Normal-Betrieb. Siehe auch Warmlaufphase und Kaltstarthilfe.
Kaltstarthilfe
Siehe Vorglühanlage
Kleiner Kühlkreislauf
Beim kleinen Kühlkreislauf in einem Motor wird das Kühlwasser von der Wasserpumpe nur durch den Motorblock gespült. Bei erreichter Betriebstemperatur (ca. 70–80 Grad) öffnet langsam das Thermostat zum großen Kühlkreislauf hin.
Kolben
Teil des Motors, welches sich in der Zylinderlaufbüchse hin- und herbewegt.
Kompression
Siehe Kompressionsdruck
Kompressionsdruck
Der im Verdichtungstakt aufgebaute Druck im Motor.
Korrosion
Chemische Begriff für Rost. Ein Stoff reagiert mit Sauerstoff und wandelt sich um.
Kraftstoffilter
Dient zum Filtern des Kraftstoffes, um Schwebeteile und Fremdstoffe, welche dem Kraftstoffsystem Schaden zufügen könnten, herauszufiltern.
Kugelgelenke
Allgemein: Eine in einer Pfanne gelagerte bewegliche Kugel wird zur nicht linearen Kraftübertragung eingesetzt.
Unterlenker von Schleppern sind mit Kugelgelenken bestückt, um Geräte anzubauen.
Kurbelwelle
Die Kurbelwelle ist der wichtigste Teil des Kurbeltriebs im Motor. Sie nimmt über die Pleuelstangen die durch die Verbrennung freigesetzte Kraft auf und wandelt sie in eine Drehbewegung um. Hinten an der Kurbelwelle ist meist die Schwungmasse angeflanscht, vorne befindet sich ein Zahnrad zum Ansteuern der Nockenwelle, der Einspritzpumpe und anderer Nebenorgane, wie z.B. Hydraulikpumpe. Ganz vorne sitzt meist eine Keilriemenscheibe zum Antrieb von Lüfterflügel, Lichtmaschine und Wasserpumpe.
Kühler
Dient zum Wärmeaustausch und Abkühlen des Kühlwassers des Motors. Siehe auch Wasserkühlung
Kühlwasser
Medium – meist Wasser-Glysantin-Gemisch – zum Abkühlen des Motors. Siehe auch Wasserkühlung
Kühlwasserpumpe
Siehe Wasserpumpe

L

Lageregelung
Die Lageregelung ist eine Aufgabe der Regelhydraulik. Das Anbaugerät wird dabei möglicht immer in der vom Fahrer eingestellten Höhe gehalten.
Landwirtschaftliche Zugmaschine
Siehe Traktor/Schlepper. Offizielle Bezeichnung in Deutschland in Sachen Tüv und Gesetzestexten.
Lichtmaschine
Die Lichtmaschine erzeugt die im Fahrzeug benötigte elektrische Energie. Durch einen Regler wird ihr Ladestrom zur Batterie geregelt. Angetrieben wird die Lichtmaschine meist über Keilriemen von der Kurbelwelle.
Luftkühlung
Als Kühlmittel für den Motor wird mittels eine Gebläses kalte Luft um die Zylinder geblasen. Siehe auch Wasserkühlung.
Luft-Schwungradgebläse
Bei der Schwungradgebläsekühlung gibt es ein Gebläse, was alle Zylinder mit Kühlluft versorgt.

M

Messerbalken
Schneidwerkzeug, das zum Gras- oder Getreidemähen eingesetzt wird. Siehe auch Einzelmessermähwerk, Doppelmessermähwerk.
Motor
Dient als Kraftquelle eines Fahrzeuges.
Motorblock
Gehäuse des Motors
Mähwerksantrieb
Der Mähwerksantrieb wird für ein Seitenmähwerk am Schlepper gebraucht. Früher meist mechanisch über Kurbeltrieb, heute – wenn überhaupt noch verwendet – hydraulisch.

N

Nasse Büchsen
Das Kühlwasser des Motors umspült direkt die eingebauten Zylinderlaufbüchsen. Siehe auch trockene Büchsen
Nockenwelle
Bauteil des Motors, dient zur Ventilsteuerung.
Siehe auch Einlassventil/Auslassventil
Nutzlast
1. Zuladbares Gewicht eines Fahrzeuges. Zulässiges Gesamtgewicht – Eigengewicht.
2. Nutzlast der Reifen, siehe Traglast

O

Obere Totpunkt
Kurz OT
Ölsumpf
Abgesetzter Teil einer Ölwanne, in der sich auch bei Extremlagen des Fahrzeuges das Öl zum Ansaugen durch die Schmierölpumpe noch sammelt.
Oftmals wird die ganze Ölwanne als Ölsumpf bezeichnet.
Ölwanne
Vorratsbehältnis für Tropföle. Siehe auch Ölsumpf
Oktanzahl
Die Oktanzahl gibt die Klopffestigkeit von Benzin wieder.
Siehe auch Centanzahl für Diesel
OT
OT wird der obere Totpunkt (Umkehrpunkt) des Zylinders im Motor genannt.

P

Pleuel
Teil des Motors. Das Pleuel überträgt die Kraft vom Kolben auf die Kurbelwelle und wandelt die lineare Kraft in Drehbewegung um.
Positionsregelung
Siehe Lageregelung
PTO
Abkürzung für Zapfwelle (engl.)
Pumpenumlaufkühlung
Durch die Wasserpumpe wird das Kühlwasser mittels Regelung durch ein Thermostat durch den kleinen oder großen Kühlkreislauf gepumpt.
Siehe auch Wasserkühlung

R

Radgewicht
Zusätzlich meist an die Felge geschraubte Eisen-, Guss-oder Bleigewichte.
Siehe auch Zusatzgewicht
Radialgebläse
Bei der Radialgebläsekühlung wird jeder Zylinder einzeln gekühlt.
Regelhydraulik
Die Regelhydraulik vergleicht von verschiedenen Istwertgebern gelieferte Werte mit dem mechanisch vom Fahrer eingestellten Sollwert und versucht, den Istwert den vorgegebenen Sollwerten anzugleichen. Die Regelung kann mechanisch oder elektronisch auf die Hydraulik einwirken.
Man unterscheidet zwischen der Lageregelung und der Zugkraftregelung. Erfunden wurde die Regelhydraulik von Ferguson.
Reifendruck
Siehe Reifenfülldruck
Reifenfülldruck
Reifenfülldruck ist der Druck im Inneren der Reifen.
Einheit: bar (oder veraltet atü)
Rootsgebläse
Ähnlich Funktion wie der Turbolader. Es wird aber durch Keilriemen angetrieben und ist nach der Funktion einer Zahnradpumpe aufgebaut.
Rost
Siehe Korrosion
Rotationsmähwerk
Siehe Sichelmähwerk

S

Saugmotor
Saugmotor nennt man einen Motor ohne Aufladung, also Turbolader oder Rootsgebläse.
Schaltgetriebe
Im Schaltgetriebe wird durch Wechseln zwischen verschiedenen Zahnradpaaren die Eingangsgeschwindigkeit erhöht oder erniedrigt. Mit steigender Drehzahl wird dann das Drehmoment herabgesetzt bzw. umgekehrt.
Schlepper
In Deutschland gebräuchlich für Zugmaschine bzw. Traktor
Schlupf
Als Schlupf wird der Unterschied zwischen der tatsächlichen Fahrgeschwindigkeit und der mittels Radumfang und Umdrehung errechneten Geschwindigkeit bezeichnet. Der Schlupf wird in einer Prozentzahl angegeben. 100% Schlupf bedeutet sich drehende Räder, aber ein stehendes Fahrzeug.
Schlupf kann auf einer Seite einer Triebachse am Rad auftreten. Dies kann durch Betätigen der Differentialsperre aufgehoben werden.
Der Schlupf eines ganzen Fahrzeugs kann durch Vergrößern der Aufstandsfläche der Bereifung, durch Erhöhen des Fahrzeuggewichts und beim Schlepper durch Benutzung der Regelhydraulik gemindert werden.
Schwungmasse
Ist als Teil des Motors an der hinteren Seite der Kurbelwelle angeflanscht. Sie speichert die Energie des Motors, um den oberen und unteren Totpunkt des Motors überschreiten zu können. Dadurch läuft der Motor ruhiger. Meist ist das Anlasserzahnkranz auf die Schwungmasse aufgeschrumpft oder verschraubt. Die Schwungmasse wird auch als Schwungrad bezeichnet.
Seitenmähwerk
Einfachmessermähwerk oder Doppelmessermähwerk, auch oft Messerbalken genannt, welches in der Mitte des Schleppers seitlich angebaut ist. Antriebsart: siehe Mähwerksantrieb.
Siehe auch Zwischenachsmähwerk.
Selbstsperrdifferential
Das Selbstsperrdifferential ist eine Abwandlung der manuellen Differentialsperre und gleicht bei stark unterschiedlichen Raddrehzahlen einer Achse die Kraft in gewisser weise aus.
Sichelmähwerk
Ein rotierendes Messer schneidet ohne Gegenschneide mit hoher Schnittgeschwindigkeit das Mähgut ab.
Slipfixbüchsen
Siehe Trockene Büchsen.
Sollwert
Der Sollwert ist ein vom Fahrer eingestellter Wert, der bei Abweichung von Regelelementen automatisch versucht wird zu erreichen.
Spaltmaß
Das Spaltmaß ist die verbleibende Raumhöhe bei OT zwischen der Kolbenoberseite und der Zylinderkopfunterseite in einem Motor.
Stabglühkerze
Ein runder Zylinder, welcher direkt in die Vorkammer oder den Verbrennungsraum des Motors ragt, wird vollständig zum Glühen gebracht und dient so als Kaltstarthilfe.
Starter
Siehe Anlasser.
Starthilfe
Erleichterung des Kaltstarts des Motor. Siehe auch Startmengenverstellung – Startpilot – Vorglühanlage.
Startmengenverstellung
Bei der Startmengenverstellung wir zum Anlassen des Motors die Einspritzmenge erhöht. Dient zur Starthilfe.
Startpilot
Chemische Hilfe zum Kaltstart eines Motors. Nicht empfehlenswert als Dauerlösung als Kaltstarthilfe.
Strömungskupplung. Siehe Turbokupplung.

T

Thermosphonkühlung
Kühlsystem des Motors, welches sich die Physik der aufsteigenden Wärme zum Vorteil macht. Der Kühler ist so angebracht und angeschlossen, dass keine Wasserpumpe im System benötigt wird.
Thermostat
Der Thermostat regelt den Kühlwasserstrom im Motor.
Siehe auch kleiner und großer Kühlkreislauf.
Traglast T
Die Traglast eines Reifens ist mittels einer Kennzahl auf dem Reifen zu erkennen und wird bei angegebenen Reifenfülldruck erreicht. Mehr Reifendruck erhööht die Traglast nicht.
Traktor
Der Traktor (Mehrzahl: Traktoren) ist eine Zugmaschine, die vor allem in der Landwirtschaft benutzt wird. Es gibt mehrere Begriffe für Traktor, wie zum Beispiel

Schlepper, Ackerschlepper oder auch Trecker. Amtlicher Begriff ist Zugmaschine. Der Begriff Traktor kommt aus dem Lateinischen und bedeutet so viel wie ziehen (trahere).

Trecker
Das Wort Trecker leitet sich aus der plattdeutschen Sprache ab (trecken = ziehen) und wird überwiegend in Norddeutschland verwendet. In Süddeutschland findet man eher die Bezeichnung Bulldog.

Triebachse
Allgemeiner Begriff für eine Achse, die zum Antreiben eines Fahrzeugs genutzt wird.

Trockene Büchsen
Die im Motor eingebaute Zylinderlaufbüchse wird nicht direkt vom Wasser umspült, sondern sitzt fest im Block verpresst. Sie sind dünner als nasse Büchsen.

Turbokupplung
Ist eine Strömungskupplung. Der Kraftschluss wird über eine in Bewegung gebrachte Flüssigkeit – meist Öl – erreicht. Ein Schaufelrad beschleunigt das Öl und wirft es auf ein Turbinenrad, welches dadurch in Drehung versetzt wird.
Je nach Ölmenge wird die Kupplung bei einer bestimmten Drehzahl kraftschlüssig. Fendt beginnt etwa bei 700 U/min, voll kraftschlüssig bei ca. 1100 U1/min.
Turbokupplungen wurden schon in alten Porsche-Schleppern eingebaut.

Turbolader
Der Turbolader, auch Abgasturbolader oder Aufladegebläse genannt, wird vom Luftstrom der Abgase angetrieben und drückt auf der anderen Seite im Ansaugkanal wie eine Turbine Frischluft in den Verbrennungsraum.
Drehzahl: ca.100000 U/min Ladedruck zwischen 0,5-0,8 bar.

U

Unterlenker
Der Unterlenker ist der untere Anlenkpunkt der Dreipunktkupplung. Er ist durch eine Hubstrebe mit den Hubarm der Hydraulik verbunden. Zum Gerätekuppeln können Fangtaschen oder Kugelgelenke angebracht sein.

UT
UT wird der untere Totpunkt (Umkehrpunkt) eines Zylinders im Motor genannt.

V

Verdampferkühlung
Veraltete Wasserkühlung, bei der das verdampfende Wasser in die Luft abgegeben wird und ständig durch Frischwasser erneuert werden muss.

Verdeck
Auf Schlepper aufgebautes Dach mit Seitenteilen und Frontscheibe. Meist aus Plane gefertigte Seitenteile und Dach und Frontscheibe aus Glas. Das Dach wurde zeitweise auch aus Blech oder Holz gefertigt. Die hintere Seite ist – außer bei der Verdeckkabine – offen.

Verdeckkabine
Siehe Verdeck

Verdichtungstakt
Im Verdichtungstakt schließt kurz nach UT das Einlassventil. Die Luft bzw. das Kraftstoff-Luft-Gemisch wird vom nach oben gleitenden Kolben verdichtet. Der Kolben wird bei Einzylindern durch Schwungmasse, bei Zwei- bzw. Mehrzylindern zusätzlich durch die (den) weiteren Kolben nach oben getrieben. Beide Ventile sind geschlossen. Bei Dieselmotoren wird kurz vor OT der Diesel eingespritzt.

Vorglühanlage
Die Vorglühanlage dient beim Kaltstart des Motors dazu, die Zündtemperatur des Diesel zu erreichen und einen Start des Motors zu ermöglichen. Siehe Flammglühkerze – Glühkerze – Stabglühkerze

W

Warmlaufphase
Die Zeit bis zum Erreichen der Betriebstemperatur bei einem Motor. Siehe auch Kaltstart

Wasserfüllung
Die Wasserfüllung einer Bereifung mit der Hanauer Maus dient als Zusatzgewicht.

Wasserkühlung
Bei der Wasserkühlung wird die Motorwärme mittels Wassererwärmung vom Motorblock weggeleitet. Man unterscheidet hier zwischen Verdampferkühlung, Pumpenumlaufkühlung und der wenig gebräuchlichen Thermosphonkühlung. Im Motor selber finden nasse und trockene Büchsen als Einbauart Verwendung.
Siehe auch Luftkühlung

Wasserpumpe
Dient im Motor zum Umwälzen des Kühlwassers. Siehe auch Pumpenumlaufkühlung – Thermostat

Wechselgetriebe
Siehe Schaltgetriebe

Weistedreieck
Schlepperseitig angebaute einfache Einphasenkupplung.

Z

Zahnradpumpe
Zwei ineinander greifende Zahnräder in einem sie umschließenden Gehäuse befördern zwischen Gehäuse und Zahnrad in den Zahnlücken Öl von der einen Seite auf die andere. Dort greifen die Zahnräder wieder ineinander und das Öl wird in die Druckleitung verdrängt. Es gibt mehrer Bauarten der Zahnradpumpe (Brillenpumpe, Buchsenpumpe, Plattenpumpe).

Zapfwelle
Profilwellenstummel zum Anschluss von einer Gelenkwelle, um Drehbewegung auf Geräte zu übertragen.

Zapfwellenstummel
Siehe Zapfwelle

Zugkraftregelung
Die Zugkraftregelung ist eine Aufgabe der Regelhydraulik. Sie führt den Pflug in einer eingestellten Tiefe. Wird die Zugkraft das Pfluges aber zu groß, wird der Pflug aus seiner Solltiefe etwas angehoben und bei nachlassender Zugkraft wieder abgesenkt.

Zugmaschine
Amtlicher Begriff für Schlepper.

Zusatzgewicht
Das Zusatzgewicht dient meist dazu, ein Aufsteigen der Schlepperfront zu verhindern, um die Lenkung bei großen Anbaugeräten zu gewährleisten oder um den Schlupf zu mindern.
Als Zusatzgewichte können Anhängegewicht, Einhängegewicht, oder Radgewicht verwendet werden. Ebenso dient die Wasserbefüllung der Reifen als solches.

Zweifachkupplung
Siehe Doppelkupplung

Zweistufenkupplung
Siehe Doppelkupplung

Zwischenachsmähwerk
Im Prinzip wie das Seitenmähwerk meist nur als Sichelmäherausführung verwendet und direkt unter dem Schlepper platziert. Siehe auch Sichelmähewerk

Zylinderlaufbüchse
Als Zylinderlaufbüchse wird das Zylinderlaufrohr bezeichnet, welches im wassergekühlten Motor Verwendung findet. Man unterscheidet zwischen nassen und trockenen Büchsen.

Meine Traktordaten

BOSCH

Füllmengen

Einstelldaten

Einstelldaten

Wartung

GüLDNER

Wartung

DIE HANDHABUNG DES LUFTFILTERS SIEHE
HANDBUCH FÜR DEN SCHLEPPERFAHRER

Wartung

Restaurierungshistorie

FSC
www.fsc.org
MIX
Papier | Fördert gute Waldnutzung
FSC® C083411

Kolibri 360 GmbH
Ferdinand-Jühlke-Straße 7
99095 Erfurt, Deutschland
produktsicherheit@kolibri360.de

Druck:
CPI Druckdienstleistungen GmbH
im Auftrag der
Kolibri 360 GmbH
Ferdinand-Jühlke-Str. 7
99095 Erfurt